南海西北部陆坡形成、演化及油气成藏条件

韩建辉　王英民　著

科学出版社

北　京

内 容 简 介

南海西北部陆坡是包括琼东南盆地、西沙隆起、中建南盆地等构造单元的一个复杂陆坡体系。本书以南海西北部陆坡整体作为研究对象，探讨了该陆坡的地质结构、形成及演化；总结了在陆坡演化过程中的沉积特征及演化规律；通过与电性被动陆缘油气成藏条件对比，指明该区油气勘探的方向。

本书适合从事石油地质、盆地分析的科研人员以及石油、地质院校相关专业的师生阅读参考。

图书在版编目(CIP)数据

南海西北部陆坡形成、演化及油气成藏条件 / 韩建辉，王英民著.—北京：科学出版社，2016.6

ISBN 978-7-03-048845-9

Ⅰ.①南… Ⅱ.①韩… ②王… Ⅲ.①南海－大陆坡－海洋地质学－研究 ②南海－大陆坡－油气藏形成－研究 Ⅳ.①P736.527 ②P618.130.2

中国版本图书馆 CIP 数据核字（2016）第 133942 号

责任编辑：杨 岭 黄 桥 / 责任校对：韩雨舟

责任印制：余少力 / 封面设计：墨创文化

科 学 出 版 社 出版

北京东黄城根北街16号

邮政编码：100717

http://www.sciencep.com

成都创新包装印刷厂印刷

科学出版社发行 各地新华书店经销

*

2016年6月第 一 版 开本：787×1092 1/16

2016年6月第一次印刷 印张：9.5

字数：220 千字

定价：79.00 元

前　　言

对南海西北部陆坡的研究多是将现今陆架坡折到琼东南盆地及西沙海槽作为研究对象，而从被动陆缘的演化角度看，南海西北部陆坡是一个包括琼东南盆地、西沙隆起、中建南盆地等构造单元的复杂陆坡体系，应作为一个整体加以研究。本书从被动陆缘的一般规律入手，论述了南海北部陆坡分段性、边缘类型、地质结构、构造特征及演化、沉积特征及演化、油气成藏条件及勘探方向。虽然本书只是南海西北部陆坡的初步研究成果，许多地方还有待进一步深化，但目前已取得的成果对提高陆坡形成演化的理论研究，提高该地区的科学研究及油气勘探水平有一定帮助。

本书受以下项目资助：①国家重点基础研究发展计划(973计划)“南海深水区盆地远源碎屑岩沉积机理研究”；②国家自然科学基金项目“深水单向迁移水道的成因机理及其内的浊流、内潮流与等深流交互作用研究”(编号：41372115)；③高等学校博士学科点专项科研基金“利用正铕(Eu)异常重建晚新生代南海西北部物源转换的时间序列”(编号：20125122120022)。

全书共分8章，第1～2章介绍了本书的研究目的、意义、研究思路、技术路线以及南海西北部陆坡的地质概况。

第3章根据地壳结构和地貌等特征将南海北部被动陆缘划分为西、中、东三段。讨论了南海北部大陆边缘的类型，认为三段均属于非火山型被动大陆边缘。探讨了南海海盆扩张的动力机制，认为南海是在被动裂谷基础上发育起来的。

第4～5章探讨了南海西北部陆坡的形成及演化规律。以陆坡转换不整合、分离不整合和裂开不整合将其新生界划分为裂陷、缓慢拗陷、快速拗陷三个构造层序。缓慢拗陷阶段为宽陆架、窄陆坡的特征，快速拗陷阶段则转变为窄陆架、宽陆坡的特征。分离不整合和陆坡转换不整合具有横向迁移特征，分离不整合首先出现在南海西北部陆坡的东部，随后向西迁移；转换不整合的形成、演化受构造沉降和沉积供应联合控制，首先出现在西部和东部，中部稍晚。依据缓慢拗陷阶段的古构造(厚度)和现今构造特征，南海西北部陆坡可划分为陆架外缘斜坡、陆坡坳陷、隆内斜坡、陆坡隆起、隆外斜坡五个带，它们在断裂特征、构造样式、沉降史和岩浆活动等方面均存在差异。研究区的基底固结程度低、地壳不均匀减薄、地幔隆起区活跃等特征控制了坳陷与隆起的形成和分布，并影响各阶段的分带性。

第6章论述了南海西北部陆坡的沉积演化规律。在裂陷早期发育了近物源扇体、分隔性湖泊和局限浅海沉积；裂陷晚期断裂活动减弱，发育了大型三角洲和滨岸体系。缓慢拗陷阶段以平缓地形背景下的滨浅海和碳酸盐岩台地沉积为特色。在快速拗陷阶段，北部发育了大规模陆坡进积楔状体，西部发育了巨型红河扇，南部发育了孤立碳酸盐岩台地、淹没台地和台缘斜坡。古隆起、古凸起、古突起等构造背景控制了南海西北部孤立碳酸盐岩台地的形成和演化。研究区的陆坡海底重力流体系可依据物源类型及搬运方式划分为五种：北部的近距离陆源碎屑斜坡滑塌-浊积扇/海底扇、西部的远距离陆源巨型海底扇、轴向峡谷重力流沉积、内碎屑碳酸盐岩滑塌-峡谷重力流沉积、碳酸盐岩台地边缘斜坡重力流沉积。该区具有多物源、多方向及多种搬运机制的物质输送-分散特征。琼东南盆地西部发育了巨型海底扇，即红河扇。其发育史体现了晚中新世盆地沉降和青藏高原、中南半岛隆升的效应。

第7章论述了研究区油气成藏条件及勘探方向。在以上研究的基础上，通过对比分析，认为南海西北部油气成藏条件与典型被动大陆边缘盆地既存在共性，也有较大差异。南海西北部深水油气勘探应充分考虑本地区的具体地质特征。研究区的隆内斜坡带发育有较大规模的优质烃源岩和多套储盖组合，其断拗转换期及缓慢拗陷期形成的储集层是本区深水油气勘探的首选方向。

第8章对本书的主要内容进行了简单总结。

由于作者的学术水平和研究能力有限，书中可能存在谬误，请各位专家批评指正。

作者

2016年4月

目　　录

第1章 引 言

1.1 选题目的及意义

本书来源于国家重点基础研究计划(973计划)科技项目“南海深水区盆地远源碎屑岩沉积机理研究”、国家自然科学基金项目“深水单向迁移水道的成因机理及其内的浊流、内潮流与等深流交互作用研究”、中石油辽河油田分公司“西沙隆起周缘层序地层及油气成藏组合分析”。本书是在这些项目的基础上进一步深化的结果。

我国南海油气勘探尚处于起步阶段，对盆地的结构、演化、成藏条件的认识尚不成熟。虽然我国陆续发现了一大批浅水油田，年产量达1.0×10^{7}t以上，但是深水区域目前的勘探成效有限，与全球深水油气勘探的差距较大，南海北部深水区具有巨大的油气勘探潜力[1-3]。

我国深水油气勘探刚刚起步，对南海北部深水区的地质条件和成藏条件了解尚浅，琼东南盆地中央坳陷带及其以南区域更是如此。因而，针对西北部陆坡的地质结构、演化过程、动力学机制、沉积演化规律、油气成藏条件等关键科学问题进行的研究对南海西北部油气勘探有着重大意义。

本书针对上述油气前缘和热点科学问题开展研究，以系统论方法，将南海西北部复杂陆坡作为一个整体加以研究。南海西北部陆坡具有复杂分带性，每个带都具有其典型的构造、沉积特征，但总体上又在同一个陆坡框架内，具有较强的规律性。本书拟在同一陆坡框架内对各个带进行详细研究，从沉积盆地的地质特征出发，以南海西北部陆坡的典型区域地震大剖面及区域背景资料入手，分析南海北部边缘的类型及西北部陆坡区的地质结构，探讨其演化动力学机制，研究其沉积演化规律，分析油气成藏条件。通过以上研究，为南海深水油气勘探提供新思路、新认识。因此，本书既具有重要的理论意义，也具有不可忽略的应用前景和社会价值。

1.2 国内外研究现状及存在的主要科学问题

1.2.1 深水油气勘探现状

1. 世界深水油气勘探现状

20世纪70年代末期，世界油气勘探开始涉足深水海域。随着全球对能源日趋增长的需求，陆坡深水盆地的油气勘探开发不断升温。近30多年来，在南美巴西、西非大西洋沿岸、墨西哥湾、北海、巴伦支海、喀拉海以及东南亚、澳大利亚西北等被动大陆边缘深水海域，相继发现了许多大型油气田(见表 1-1)，勘探领域扩展到了水深 3000m 以下的深海区域，深水油气勘探开发俨然已成为当今世界油气增储上产及油气资源战略接替的重要新领域[4]。

表 1-1　世界深水油气储量分布[4]

国家/地区	盆地/海域	储量/10^8t	石油/10^8t	天然气/10^8m^3
西非	尼日尔三角洲 下刚果、宽扎	28.6	24.5	4100
巴西	东南部海域	27.3	23.2	4100
美国	墨西哥湾北部	21	15	6000
澳大利亚	西北陆棚	13.6	0.5	13100
东南亚	婆罗洲	5.3	2	3300
挪威	挪威海	5.1	1.1	4000
埃及	尼罗三角洲	4.8	—	4800
中国	南海北部	1	—	1000
印度	东南海域	1.6	—	1600

深水油气资源非常丰富，据美国地质调查局和国际能源机构估计，全球深水区最终潜在石油储量有可能超过 1000×10^8bbl①。而随着深水油气勘探的深入，实际储量很可能远超此数。深水海域中 90%油气储量均富集于深水浊流沉积体系之中，地域范围则主要集中分布于具有被动大陆边缘背景的墨西哥湾、西非与巴西三大区域的沉积盆地[4]。

深水油气勘探程度低，资源探明率较低，尚处于勘探早期阶段，资源潜力巨大。同时，与陆上油气勘探比较，深水油气勘探具有技术要求高、资金风险高、作业难度高等特点，因此对油气藏的储量规模要求较高。Weimer 等[4]在 2006 年曾指出，深水勘探技术要求高、投入大、风险大，但油田规模大，钻探发现的成功率高。自 20 世纪 90 年代以来，深水勘探成功率显著提高，平均超过 30%。据统计，截至 2006 年底，全球共发现 40 余个探明储量超过 5.0×10^8bbl 的大型深水油气田，占全球深水油气储量的 80%以上。

总的来说，深水油气资源潜力巨大，且集中于被动大陆边缘盆地。这些盆地深水勘探前景好，勘探程度低，并且存在大量新区有待勘探开发。因此，被动大陆边缘的深水勘探将逐渐成为全球油气工业发展的主战场[5]。

张功成等[6]总结了深水区油气勘探热点地区的勘探经验，并提出了以下观点：从盆地类型看，探区主要是被动大陆边缘型盆地，且与中生代以来全球板块的裂离事件有关；从含油气系统看，主要烃源岩是大陆裂谷早期陆内裂谷阶段形成的中深湖相泥岩和漂移阶段的海陆过渡相泥岩，主要储层是三角洲和各种扇体，主要的圈闭类型是盐构造和同生断裂构造；从勘探策略看，都是先在浅水区获得成功以后再向深水区推进，这样可以极大地降低深水区勘探风险和提高勘探成功率。

① 1bbl=0.1173m^3。

2. 南海的油气勘探现状

自1910年和1929年分别在马来西亚和文莱境内发现米里油田和诗里亚油田以来，南海海域的油气勘探已经经历了一百年的历史。据不完全统计，目前南海已经发现各类油田107个，气田162个[7]。在南海深水盆地周边，如南沙、文莱、马来西亚等地区的油气资源相当可观[8,9]，从而印证了南海深水勘探的广阔前景。

我国深水油气勘探和研究起步比较晚，经历了初探阶段、自营勘探、合作勘探等3个阶段。在初探阶段(1965年以前)推测莺－琼盆地为含油气远景区。在自营勘探阶段(1965～1979年)确定了莺歌海盆地和琼东南盆地的界限，发现了松涛32-2含油构造，证实琼东南盆地是含油气盆地。在合作勘探阶段(1979年至今)发现了崖13-1大气田(1983年)、崖13-4气田(2000年)和其他8个含油气构造。上述工作主要集中在北部坳陷带以及中部坳陷带的部分浅水区域内，对深水区内的南部坳陷带涉及很少，目前没有任何探井，只有少量地震测线。

1997年中海油总公司与挪威石油公司在珠江口盆地合作开发了陆丰22-1油田，该井水深332m，初步涉足深水。2004～2005年，中海油总公司与赫斯基公司合作，在珠江口盆地40/30区块钻了第一个预探井，井位水深约600m。2006年，继续在珠江口盆地的29/26勘探区块钻探LW3-1-1井，水深超千米，首次在深水区发现大气田，进一步证实了南海北部陆坡深水区具有巨大的油气潜力，从此揭开了南海北部深水区油气勘探的序幕。

近年来，各大石油公司加快了南海深水油气勘探的步伐。中海油在南海深水陆坡区及邻近区钻探了23口井，采集了$8\times10^4 km^2$地震资料；除此之外，中石油和中石化也开始向深水油气勘探领域进军，并已在琼东南盆地南部、中建盆地以及浪花断陷区等陆坡深水区采集了约$3\times10^4 km^2$的二维地震资料以及上千平方千米的三维地震资料，相应研究工作也已全面展开。

1.2.2 被动大陆边缘研究现状

目前，深水油气绝大部分赋存于被动陆缘盆地，学术界为此投入了相当多的精力。Bally[10]、Kingston等[11]学者分别从垂向序列和演化阶段的角度研究了盆地沉降的动力学机制。Edwards和Santogrossi[12]主编的论文集《离散或被动陆缘盆地》对重点被动陆缘盆地进行研究，着重总结了被动陆缘盆地的油气成藏条件。Weimer等[4]在《深水石油地质导论》中从油气勘探的角度对被动陆缘盆地进行了分类。

1. 被动大陆边缘的定义

Bally[10]提出“大西洋型”被动大陆边缘的概念。认为其基本特征是跨越陆壳和洋壳，发育有陆架、陆坡和陆裾，在垂向上包括四个层序：①属于克拉通内部坳陷或活动大陆边缘的裂谷前层序；②裂谷层序；③过渡－漂移早期局限相层序；④漂移晚期的进积层序。它属于位于刚性岩石圈上的盆地大类，与洋壳有关的盆地亚类。

《离散或被动大陆边缘盆地》中对被动大陆边缘盆地给出如下定义[12]：所有的被动

陆缘盆地都是发育在邻近板块间的大陆边缘，上覆并横跨在陆壳和洋壳之上。这些盆地现在基本上无地震和火山活动。所有现存的离散大陆边缘都是在三叠纪后产生，并与泛大陆的一系列解体有关，它们代表了地球历史中威尔逊旋回的开阔海部分。被动陆缘盆地的内侧根部位于海岸平原大陆架和陆坡之下变薄的下沉陆壳上，其外侧位于陆坡和陆裾下面下沉的洋壳上。这些盆地的多期发育史的所有阶段均以重力驱动的拉伸构造为主。因此，它们又被称为离散边缘、拉伸边缘或者大西洋型边缘。被动大陆边缘发生盆地规模的沉降是由地壳的机械减薄、热收缩和沉积载荷引起的。其演化十分复杂，可以形成范围广泛的特殊沉积层序和构造样式。

Miall[13]认为离散边缘包含裂谷盆地、大洋边缘盆地、拗拉谷和大洋岛屿海山海底高原四类，而大洋边缘盆地相当于上述的被动大陆边缘盆地。

Klein[14]的盆地分类中，将被动大陆边缘作为一种大的背景，其下划分了裂谷盆地、拗拉谷和挠曲盆地，挠曲盆地则相当于上述的被动大陆边缘盆地。

陆克政等[15]编著的《含油气盆地分析》中总结被动陆缘的概念为：被动陆缘位于板内，其两侧的大陆与大洋属于一个统一的板块。由大陆架、大陆坡和陆裾(或称陆基)所组成。它的形成与岩石圈离散活动有关，岩石圈张开经历了大陆内部裂谷阶段－红海或原始大洋阶段－窄大洋或内海阶段－大西洋式被动大陆边缘阶段。每个阶段均形成了各自的层序并依次叠置。被动大陆边缘下伏的、较早形成的裂谷层序主要受张裂作用所控制。被动大陆边缘下沉的主要原因包括岩石的拉伸变薄变冷、地壳蠕变、沉积负荷、深层变质等。在被动大陆边缘有复杂的陆坡推进过程，它受陆架沉降、海平面变化、构造运动和沉积供给等多方面控制。

2. 被动大陆边缘油气成藏条件

Edwards 和 Santogrossi[12]指出被动陆缘盆地最富和最厚的生油岩为断陷层序的湖相泥岩和页岩，连过渡－漂移期也可形成商业价值的油气，储集层分布广泛，以新生代的深水扇体为主。据统计[4]，深水扇系统储层大多形成于新生代，少量形成于白垩纪。其中 90%的油气储量发现于浊流沉积，少量为浅海和河流相砂岩，极少数为碳酸盐岩储层。圈闭的类型多种多样，其主要的圈闭类型的是浊流发育的圈闭[4]。最常见的为构造圈闭和地层圈闭以及构造－地层圈闭，在墨西哥湾中央微型岩盐成藏组合带中构造－地层圈闭是最常见的，而在褶皱带中构造圈闭占主导地位。

Weimer 等[4]将被动陆缘盆地分为四种类型以指导盆地的评价：①发育大型河流且塑性地层发育的深水盆地；②发育小型河流且塑性地层发育的深水盆地；③发育小型河流但塑性地层不发育的盆地；④以非深水储层为主的盆地。四类当中，前三类盆地的储量占全球深水油气储量的 90%，其共同特点是都以漂移晚期层序中的深水重力流储层为主要目的层。

3. 被动陆缘盆地沉降的机制

Bott[16]总结了被动大陆边缘盆地沉降的机制，主要包括沉积物重力负荷、板块减薄、裂后热沉降以及断裂形成的裂谷带四种机制。根据海底扩张学理论，大洋中脊是地幔物质热对流上升的地区，向两侧后移为老的洋壳，离洋中脊越远，洋壳越老，热流值越低，热冷即易引起洋壳下沉[17]。

综合各类沉降机制可知，大陆裂谷和被动大陆边缘盆地的下沉不是单一因素造成的，而是由许多因素产生的[17]：①开始为热成因，由于较深的软流圈上涌(主动)或开始区域伸展引起软流圈上涌(被动)；②进一步伸展作用，在上部脆性层产生犁式正断层，在下部沿着韧性层滑脱；③基性物质侵入，使得地壳密度增大，加剧了盆地下沉；④沉积物负荷加强了这种沉降；⑤如果是大陆内裂谷、内坳陷，其下沉与热冷却、榴辉石岩化等因素有关；如果是被动大陆边缘，其下沉与海底扩张、热沉降、大陆中下地壳向大陆边缘的蠕散作用有关。

4. 陆坡的类型及其调整模式

陆坡[18]是指向海一侧，从陆架外缘较陡地下降到深海底的斜坡。其上界水深多在100～200m；下界往往是渐变的，约在1500～3500m水深处。大陆坡坡度多为3°～6°，1800m深度以上的平均坡度为4°17′。在大西洋型大陆边缘，陆坡常随水深增大而变缓，但是珊瑚礁岛外缘的陆坡最陡，最大坡度可达45°。大陆坡既可是单一斜坡，也可呈台阶状，形成深海平坦面或边缘海台。陆坡容易被沟谷刻蚀，加上断层崖壁，滑塌作用形成的陡坎及底辟隆起等，地形十分崎岖。

板块的分裂和聚合运动奠定了陆坡形态和构造的基本格架。根据控制因素的不同，陆坡又可进一步发育为多种不同的类型[18]：

(1)断裂型或陡崖型陆坡，主要受断裂作用控制，而侵蚀堆积的改造作用较弱，多见于岩阶、陡崖，如伊比利亚半岛西北侧陆坡。

(2)前展堆积型陆坡，陆源物质供应充分，陆坡在强烈沉积作用下逐渐向洋推进，有的陆坡下部沉积层厚达10km左右，美国大西洋一侧陆坡多属这种类型。

(3)侵蚀型陆坡，沉积作用较弱，浊流和滑塌等侵蚀作用导致基岩裸露，地形复杂，如在海底峡谷和滑坡发育的地区。

(4)礁型陆坡，与珊瑚礁生长有关，陆坡陡峭，如尤卡坦半岛的陆坡。

(5)底辟型陆坡，低密度的蒸发岩或泥在深埋后形成底辟，陆坡沉积层因而变形，海底呈不规则形态，如墨西哥湾一带。

陆坡还可分为前积(进积)或匀变(递变)陆坡和侵蚀或“非匀变”陆坡[19]：

(1)前积(进积)或匀变(递变)陆坡，其沉积剖面向盆地方向推进，而这种剖面则是在沉积重力流和沉积供应、盆地沉降、盆地地形处于均衡状态的情况下形成的；

(2)侵蚀或“非匀变”陆坡，其陆坡过于陡峭且沉积物发生过路直至坡麓位置。侵蚀型边缘在上陆坡梯度超过均衡梯度时形成，以侵蚀、滑塌以及沉积物重力流形式向下陆坡环境的沉积过路为特征。

侵蚀型削截、沉积过路、水下扇－裙复合体的海洋上超是响应于变化的盆地地貌而形成。当海床陡坎(如过陡边缘)为上超型和加积型扇－裙复合体沉积所埋藏时，侵蚀型边缘则可以转化为前积型边缘。而作为对相对海平面迅速上升、盆地剖面的构造变形(如断裂作用)和(或)自碳酸盐向硅质碎屑沉积的转变的响应，前积型边缘可以转变为侵蚀型边缘。海平面的相对下降在将物质带至陆架前缘方面起了主要作用，陆坡不整合和上超型水下扇－裾复合体的发育则受控于陆坡再调整机制，而这种调整则为变化中的盆地地形所触发。

以硅酸盐沉积为主的陆坡可分为两类[19]：正常陆坡和断裂陆坡，前者又可细分为以建设作用为主的平滑陆坡和以削蚀作用为主的不规则陆坡两类。Ross 等[20]提出了陆坡再调整模式：在认可海平面控制了沉积物向深水背景输送作用的同时，强调盆地地形的变化在控制深水沉积物的上超型形态方面的作用。陆坡梯度(即盆地地形)的重大陡峭化触发长期的陆坡匀变化进程，包括侵蚀型的块体滑塌和沉积机制，结果形成了水下峡谷和上超型水下扇和裾。最终，这些陆坡再调整机制促使体系重新匀变化。

1.2.3　南海研究现状

20 世纪 20 年代初以来，先后有美国、日本、德国和法国等国家和 ASCOPE、CCOP 等国际组织在南海地区开展了地质和地球物理方面的调查，取得了丰富的地质和地球物理资料。我国到 20 世纪 60 年代初开始对南海着手调查，主要以重、磁、测深和单道地震勘探为主；70 年代后期至 80 年代开始，先后开展了大规模的、以石油普查为目标的多道地震勘探、声纳浮标折射地震探测和双船扩展剖面探测；而自 90 年代起，随着地球物理勘探技术的提高和日益广泛的应用，则进一步获取了大量的深部地质信息。

20 世纪 70 年代初，美国拉蒙特－多尔蒂地球科学观测所的 Ludwig[21]发表了他在南海东部马尼拉海沟及其东侧的双船折射深地震及随航的重、磁、测深研究成果，这是南海开展最早的地壳结构的研究。此后，CCOP 和 IOC 等组织联合主持了“东亚构造和资源研究”；1979 年开始，中美两次合作进行南海基础地质研究；1987～1988 年，中德合作在南海中部偏西海区进行综合地球物理测量；1993～1994 年中日两次合作进行南海重、磁场特征和地壳结构以及三分量磁测，获得了较详细的有关磁性边界等方面的调查。1999 年大洋钻探 184 航次在南海成功实施了 6 个站位、17 口井的钻探(1143、1144、1145、1146、1147、1148 站)，取心总长达 5500m，其中 1148 站的地层覆盖了几乎南海海盆扩张的全部历史，第一次为盆地的演化提供了沉积学证据。经过多年研究，在盆地性质[22-29]、扩张模式[30-32]等方面都取得了相当大的进展。

1. 南海扩张的动力学模式

根据动力学模式所侧重的区域构造动力源的不同，南海扩张的动力学模式可以分为以下几类。

1)弧后扩张模式

Karig[33]、Hilde 等[34]和郭令智等[35]提出南海是菲律宾弧的弧后扩张盆地，其形成时代为晚白垩世—古近纪。根据该模式，南海实质上是由于前期消减相关的弧后拉张产生的弧后盆地，后期由于俯冲消减而关闭。这种模式提出较早，其中一些观点与事实不符，因此现今已经很少提及。

2)碰撞挤出－逃逸模式

Tapponnier 等[36-38]和 Briais 等[39]等利用南海新生代构造演化及其成因数值模拟、物理模拟实验提出南海形成的一系列过程。Tapponnier 等[36]用物理模拟实验方法，得到了古近纪以来亚洲大陆的演变模式。主要包括两个阶段，即早期(50～40Ma)印度板块与欧亚板块碰撞，使得印支半岛沿原先扬子地块与印支半岛间缝合带向东南逃逸而出，并造成数百千米的左旋滑动，形成红河断裂带，同时，印支半岛顺时针旋转25°，并形成今天的南海；第二阶段是当印度继续向亚洲大陆挤入时，包含华南与西藏的陆块整体向东逃逸，使得阿尔金断裂带产生大量的左旋走滑。然而，这种模式也遭到了许多学者的质疑，Morley[40]和孙珍等[41]认为，南海的发育演化与印支地块挤出作用为两个不同的应力和变形系统；吴世敏等[42]分析了南海西缘盆地与走滑断裂的关系，结果显示这些盆地与逃逸构造在时间配套、运动学特征上都不一致，说明南海西缘这些盆地与逃逸构造在动力学成因上并不存在成因关联。另外，南海中央海盆洋壳区的形态为喇叭形，“开口”在东侧，意味着东部边缘有更大的扩张量，这表明与红河断裂带的影响无关。Wang 等[43]对越南北部哀牢山－红河巨型剪切带延伸部分进行^{40}Ar/^{39}Ar同位素测定，结果显示剪切带发生的时间为25～17Ma，这一年龄值晚于南海洋壳形成的时间，更晚于南海开始伸展的时间，因此南海的成因难以用挤出模式来解释。

3)地幔上涌模式[44-48]

黄福林[46]从南海基底和地壳结构特征两方面讨论了南海成因，认为南海海盆形成过程为地幔上拱，地台裂陷，陆壳下沉到热的上地幔中，地幔岩取代原有的陆壳而形成新的洋壳。Fukao 和 Maruyama 等[49]用天然地震层析成像发现南海南部存在地幔热柱，Flower 等[44]提出深部软流层向东挤出为主导并带动了岩石圈块体向西太平洋方向的运动。Tamaki[45]进一步认为侧向挤出的软流层可推动俯冲板片后退导致边缘海的扩张。龚再升[48]、李思田等[50]根据南海北部大陆边缘的盆地及深部构造发育特征推测南海及其边缘盆地的形成可能与地幔柱及侧向地幔流有关。但是鄢全树等[47]指出南海海盆玄武质岩石的全岩K-Ar年龄为7.9～3.8Ma，为南海扩张停止(15.5Ma)后，晚中新世以来的板内火山作用的产物，可与其周边地区(如雷琼半岛、南海北缘及中南半岛等)同期火山作用的岩石成因和源区性质进行对比研究。因此海南地幔柱与南海的扩张无关。南海南部的地幔柱因为地震层析的分辨率值得怀疑，其具体位置、发育时间也有待进一步研究。

4)陆缘伸展扩张模式

刘昭蜀等[51,52]认为，自新生代以来南海区域应力场从挤压转为松弛，导致陆缘解体，并向大洋扩散，形成南海北部陆缘地堑系。

5)大西洋型海底扩张模式

Taylor 等[30]在南海东部次海盆鉴别出11～5d磁异常条带，后来他们认为南海是通过海底扩张作用形成的“大西洋型”边缘海盆地[53]。姚伯初等[54,55]研究对比了南海海盆中磁异常条带，结合南北陆缘的地质构造、沉积构造特征和断裂性质等，认为在新生代南海海盆经历了大西洋型海底扩张的演化历史。

除此之外，还有古南海俯冲拖曳和/或地幔侧向流动模式[41]、古南海俯冲与印－藏碰撞复合模式[40]、古南海俯冲拖曳模式[53,56,57]、古太平洋俯冲后撤与印－藏碰撞挤出综合模式[58]、地幔上涌与俯冲后撤综合作用模式[59,60]等等。

2. 油气勘探的研究

近年来，我国对南海地区的深水油气勘探投入了大量科技力量进行研究。2001年，国家高技术研究发展计划(863 计划)设立了“深水油气地球物理勘探技术”课题，科技部设立“南沙群岛及其邻近海区综合调查”专项；2003 年由国家自然科学基金委和中海油总公司联合启动了第一个深水研究的重大课题“南海深水扇系统及油气资源”[61,62]。

朱伟林等[63]总结了琼东南盆地形成大中型气田的地质条件，得出了该盆地“近岸带控藏”的天然气富集理论，具体条件包括：①发育早渐新世崖城组煤系气源灶，具备形成大中型气田的物质条件；②崖城组煤系地层本身有利于形成以“自生自储”为特征的隐蔽油气藏；③岸带内侧长期“泥包砂”海相沉积环境；④叠合界面+古构造联合控砂；⑤发育分布稳定、塑性较强的梅山组沉积期以来的大海侵背景形成的近岸气藏封盖层；⑥煤成气富集规律。

刘铁树等[64]、张功成等[6]总结了南海北部深水区的成藏条件，认为南海北部大陆边缘深水区生烃凹陷是裂谷背景，主力烃源岩是渐新统下部中深湖相泥岩、海陆过渡相泥岩、海相泥岩与煤系地层；可能的烃源岩是始新统中深湖相泥岩；潜在的烃源岩是渐新统上部和中新统海相泥岩。深水区至少有 3 套储层，即渐新统海陆过渡相砂岩、新近系海相砂岩及生物礁、始新统陆相砂岩。盖层发育广泛，区域性盖层是新近系海相泥岩和渐新统泥岩。南海北部大陆边缘圈闭类型主要有披覆背斜、断层圈闭和深水扇体等。

陈国威[65]总结了南海生物礁及礁油气藏形成的基本特征，指出生物礁储层以次生储集条件为主，且与礁岩结构和成岩作用密切相关；盖层主要为浅海相的泥岩、半深海相的页岩或深海相碳酸盐岩，这些岩层是在生物礁阶段性生长结束后，海侵或区域性的沉降阶段沉积的；生物礁油气藏受构造运动影响强烈。

高红芳等[66]总结中建南盆地成藏条件，认为该盆地发育古新统—中始新统(浅湖－沼泽相和浅湖－半深湖相泥岩)、上始新统—渐新统(泻湖相和浅海、半深海相泥岩)、下中新统—中中新统(浅海相和浅海－半深海相泥岩及礁灰岩)三大套烃源岩。

在油气运移方面，陶维祥等[67]总结了超压－常压突变模式、超压－常压过渡模式和强超压区的构造与岩性圈闭成藏模式。许多学者研究表明，深水区也存在类似莺歌海盆地的底辟带[68-70]，深水区部分凹陷中心曾经发育超压系统，与之伴生的大量亮点表明该区存在沿底辟构造的垂向天然气输导。

1.2.4　研究区存在的主要科学问题

南海西北部科学问题众多，涉及面宽，本书拟主要讨论以下科学问题：

1. 南海北部边缘的类型及西北部陆坡的地质结构

南海北部陆缘的成因和类型一直存在争议。宋海斌等[23]认为其东部是火山型被动大陆边缘，西部是非火山型的被动大陆边缘。吴世敏等[22]则认为南海北部陆缘属于非火山型被动陆缘。这些观点隐含了对南海扩张模式的认识，也影响着对边缘地质结构的认识。横向分段性是被动陆缘盆地的普遍特征，南海北部陆缘从西到东特征差异巨大，但目前还没见到明确的分段性研究。不同段中，往往表现出各自的纵向分带性。各带的地质特征及各带之间的异同尚需进一步研究。

南海北部边缘属于被动大陆边缘，从裂陷到缓慢拗陷再到快速拗陷，各个构造演化阶段在断裂活动、岩浆活动和沉积充填等方面差异巨大。目前，国内对被动陆缘盆地多按照断陷期构造特征进行构造区划，这种做法不能体现不同构造时期的具体特征。因而有必要依据不同构造层分别进行构造区划的研究，探讨不同阶段的构造及地貌分区特征，总结各个阶段的继承性与差异性对研究区的动力机制的研究有着重要意义。

2. 南海西北部陆坡构造特征及演化

南海西北部陆坡的形成演化经历了哪些过程，其动力学机制如何，这都是本书要重点探讨的问题。另外，南海形成演化的控制因素有哪些，对盆地的构造格局、断裂系统会产生什么样的影响，这些问题都需要深入讨论。

3. 南海西北部沉积演化规律

南海西北陆坡形成演化过程中经历了哪些沉积演化过程，各个阶段有什么样的典型沉积，这些问题目前还没有得到很好的解答。与典型的被动陆缘盆地相比，南海西北部陆坡区地质情况复杂，分带性明显，各个构造层序特征差异大。而反映在沉积上，又经历了什么样的沉积演化过程，这也是一个重要问题。

4. 南海西北部陆坡各带成藏条件

南海西北部陆坡的各个单元地质差异较大，从而其成藏条件也各有不同，前人曾对陆坡隆起斜坡带进行了分析研究，但对其他单元并没有深入研究。通过成藏条件的对比分析，优选有利的勘探方向是十分必要的。

1.3 研究内容与技术路线

1.3.1 研究内容

1. 南海西北部陆坡地质结构、构造层序框架及分层序构造区划

分析南海西北部横向分段性和纵向分带性。在此基础上，对南海北部陆缘盆地的不整合面进行识别和分析，划分构造层序，研究其特征、演化及横向变化规律，并在构造层序框架内进行合理的地貌单元和构造单元划分。

2. 构造特征、演化及动力学机制

分析南海西北部陆坡区在断裂、构造样式、沉降史、岩浆活动特点等方面的特征。重点讨论从北到南，由陆架外缘斜坡到陆坡坳陷带、隆内斜坡带、陆坡隆起带一直到隆外斜坡带在断裂分布、构造样式、沉降历史以及岩浆活动等方面的规律。在此基础上讨论西北部陆坡构造演化史，探讨其动力学机制。

3. 沉积相特征、演化

分析南海西北部陆坡区的主要沉积相类型，总结各个阶段的沉积演化规律，建立陆坡沉积分散体系。对其中的典型沉积及其模式进行专题讨论，如碳酸盐岩台地的演化、海底扇的分布及演化、海底重力流体系的特征及分布等等。

4. 油气成藏条件分析及勘探方向预测

对比分析南海西北部陆坡与典型被动大陆边缘盆地的油气成藏条件，分析其中的共同点及存在的差异。对陆坡坳陷与隆内斜坡、陆坡隆起三个带之间的油气成藏条件进行对比分析，指出有利勘探领域及勘探方向(图 1-1)。

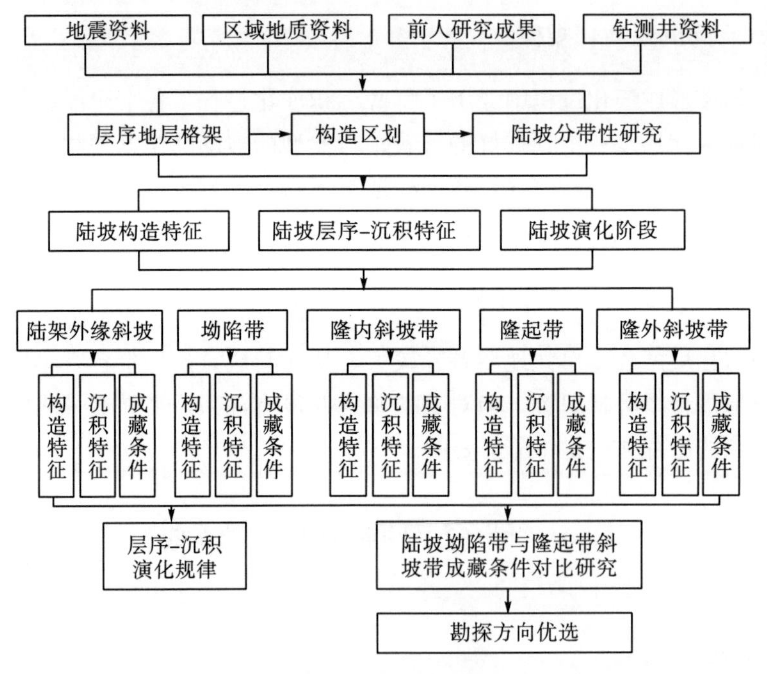

图 1-1　技术路线图

1.3.2　技术路线

在对国内外文献充分调研分析的基础上，对南海西北部陆坡地质结构进行研究，划分构造层序，分层序进行构造区划，总结陆坡总体的构造特征、沉积特征及演化过程机制，在此基础上对各个单元的构造、沉积、成藏条件开展深入研究，总结沉积规律，通过对比成藏条件优选有利勘探方向。

第2章　区域地质概况

本章简单介绍了南海及其周边地区的板块构造分区、构造活动历史，并对南海西北部地壳结构、基底特征以及地层特征等区域地质背景进行了简单总结。

2.1　南海西北部基本地貌特征

南海是太平洋西南侧的一个边缘海，其周边被大陆和岛屿环绕，北部毗邻我国的华南大陆，东邻台湾岛、菲律宾群岛、吕宋岛、民都洛岛和巴拉望岛，南至苏门答腊岛和加里曼丹岛，西界中南半岛和马来半岛[71]。总体轮廓呈菱形，其长轴为NE-SW向，长约3140km，宽约1250km，面积约$350\times10^4km^2$，其中在我国传统疆域内水深大于300m的深水区面积约$80\times10^4km^2$。平均水深约1212m，最深处位于马尼拉海沟东南端，深度达5377m。

南海地形从周边向中央倾斜，整体上构成三级阶梯，依次发育着大陆架和岛架、大陆坡和岛坡、海盆等地貌单元[52]（图2-1）。大陆架和岛架水深在150m以内，面积约$168.5\times10^4km^2$，约占48.14%；大陆坡和岛坡水深150～3800m，面积$126.4\times10^4km^2$左右，约占36.12%；海盆（深海平原）水深3800～4200m，面积$55.1\times10^4km^2$，约占15.74%。

本书重点研究了南海西北部的地貌及地质特征，该区主要地貌单元包括西北部陆坡、西北次盆、西南海盆等。

2.1.1　西北次盆地貌

西北海盆位于西沙海槽以东、中沙群岛以北。水深在3000～3800m，面积约为$8000km^2$。海底自西向东微倾，变化稳定，平均坡度在0.3×10^{-3}～0.4×10^{-3}之间。盆地中间有一条北东走向的双峰海山，长约50km，该海山顶部水深最浅处为2407m，相对海底的高差为1100m，这座海山很可能代表了残留的扩张脊[55]。

2.1.2　西北部陆坡区地貌

1. 西沙海槽地貌

西沙海槽位于南海北部陆坡西北部，海南岛东南面，西沙群岛以北，西侧与中建海台相连，东部与深海平原相接。海槽整体近EW向，呈弓形。刘方兰等[72]根据延展方向和形态特征将西沙海槽分为 3 段：112°40′E 以东为北东东向；111°40′E～112°40′E 呈近东西向；111° 40′ E 以西转为北东向。海槽长约 420km，水深自西部 1500m 到东侧 3400m，槽底自西向东缓慢倾斜，比周围海底低 400～700m。

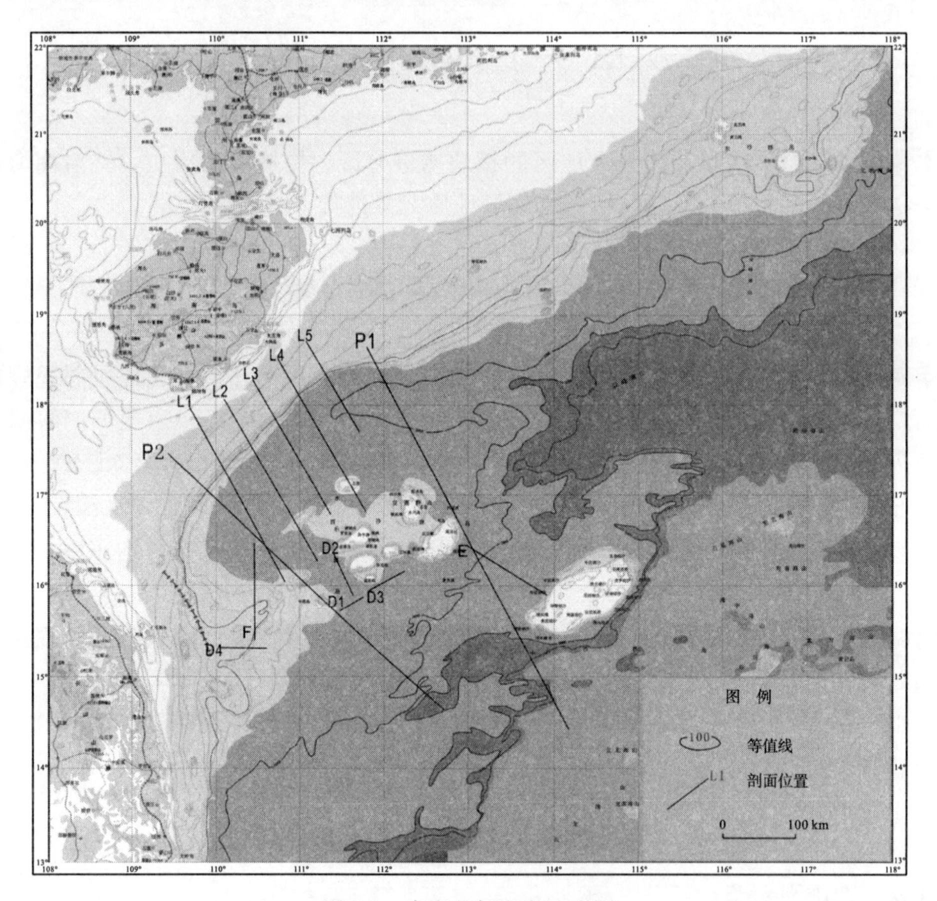

图 2-1　南海北部海底地形图

（P1，P2 为图 4-4、图 5-27、图 5-34 的剖面位置；L1～L5 为图 5-25 各个剖面位置；E 为图 5-32 剖面位置；F 为图 6-7 剖面位置；D1 为图 6-18 剖面位置；D2 为图 6-19 剖面位置；D3 和 D4 为图 6-20 剖面位置）

西沙海槽由两侧的槽坡和中间的槽底组成。在垂直海槽走向的横剖面上，海槽整体呈“U”形。其形态槽底宽而缓，两侧槽坡略陡。其地形地貌丰富，在槽坡上可见多条由冲刷作用所形成的冲刷谷。槽底地形非常平坦，又称槽底平原。槽坡较槽底坡度明显增大[72]。

2. 西沙海台地貌

西沙海台又称西沙海底高原，位于西沙海槽以南，中沙海槽以北。该海台长约 170km，呈近东西向分布。海台水深 900～1100m，与深海平原相对高差达 2500～3000m。海台的地形自西北向东南倾斜，海台面地形整体较为平缓，局部略有波状起伏。海台面周围为海台斜坡，其地形变化较大，海台北部斜坡广泛发育高差 50～100m 的陡坎和沟谷；海台东部斜坡地形复杂，向东呈阶梯状下降，海山、海丘、小台地、洼地等相间排列，具波状起伏的地貌特征。该海台构成了西沙群岛的基座。

3. 中沙海槽地貌

中沙海槽位于西沙群岛和中沙群岛中间，近北东向展布。中沙海槽槽底宽 20～40km，较西沙海槽略宽，槽底较周围海底约低 400～500m，从中部向两端倾斜。槽底与槽坡的转折点明显，海槽西北坡较缓，平面上呈凸凹相间；东南坡较陡，平面上较为整齐。

4. 中沙海台地貌特征

中沙台地呈椭圆形，其长轴呈 NE 向，短轴呈 NW 向展布。该海台面地形较平缓。海台斜坡坡度较大，其中东南坡最陡，形成水深 200～4000m 的大陡崖。陡坡上地貌特征丰富，发育有山峰、山谷等。

2.1.3 西南海盆地貌

整个西南海盆东起中南海山(115°20′E)，西至 114°20′E 附近，呈一向北东张开的喇叭口。海盆最宽处约 420km，最窄处约 110km，中轴长约 550km。西南海盆面积约 $13\times10^4 km^2$，约占南海海盆区总面积的三分之一。海盆大部水深约 4300m，在西南部变浅至 4000～3600m。在平坦的深海平原上广泛分布着海丘、海山。在海盆中部发育有长龙海山、龙南海山、龙北海山和中南海山，总体呈北东向分布，宽约 10km，长约 60km，最长可达 150km[55]。

2.2 南海地区区域构造格局

根据区域资料，龚再升[48]指出南海及其周围的整个东南亚大陆边缘位于 3 个巨型岩石圈板块接合处(图 2-2)。这三大板块是：(A)太平洋板块——世界上最大的大洋板块；(B)欧亚板块——世界上最大的大陆板块，由许多大小不一的陆壳块体组成；(C)印度—澳大利亚板块——复合板块，由印度、澳大利亚等大陆性块体和印度洋大洋性块体复合而成。东南亚大陆边缘为欧亚板块东南端的突出部分，其东、南、西三面受到另外两大板块的包围。南海及其周边又划分为四个亚板块：华南亚板块(B1)、印支－巽他亚板块(B2)、南海亚板块(B3)和菲律宾岛弧带。而南海亚板块不可进一步划分为东沙地块(B_3^1)、西沙地块(B_3^2)、南海海盆(B_3^3)和南沙地块(B_3^4)4 个次一级构造区。

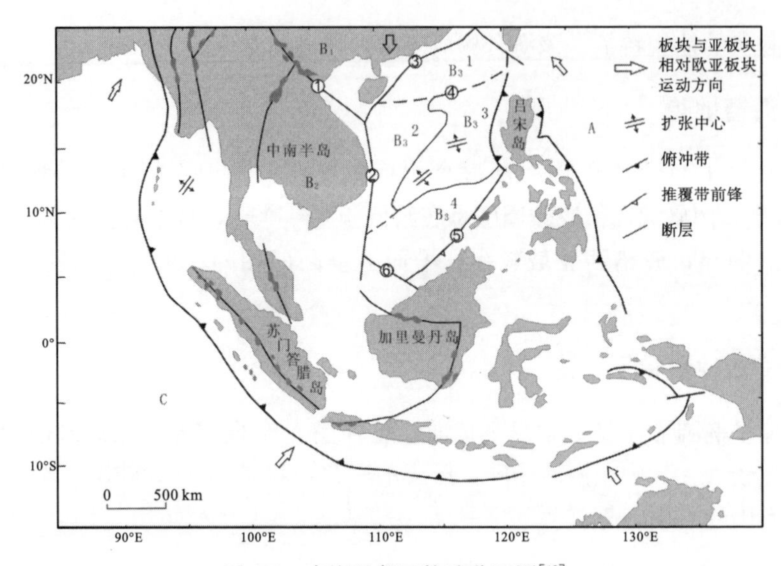

图 2-2　南海及邻区构造分区图[48]

（A. 太平洋板块；B. 欧亚板块；B_1. 华南亚板块；B_2. 印支-巽他亚板块；B_3. 南海亚板块；$B_3{}^1$. 东沙地块；$B_3{}^2$. 西沙地块；$B_3{}^3$. 南海海盆；$B_3{}^4$. 南沙地块；C. 印度-澳大利亚板块；①金沙江-红河断裂；②越东断裂；③琼粤滨海断裂；④西沙海槽北断裂；⑤南沙海槽断裂；⑥廷贾断裂）

这三个巨型板块在地质历史当中经历了联合、分离等复杂演化历史。龚再升[48]认为，太平洋板块沿日本列岛－琉球群岛－台湾岛－菲律宾群岛外侧至哈马黑拉岛一线向欧亚板块俯冲，并在台湾岛东部发生强烈碰撞；欧亚板块与印－澳板块接合线的西段在现今喜马拉雅山北坡，向东延伸至察隅附近，继而向南沿阿拉干山至安达曼－尼科巴群岛西侧，再转向东南至印尼群岛南侧，东延至阿鲁群岛，进入班达海，沿印－澳板块向欧亚板块俯冲消减。龚再升指出，约 30Ma 前，印度块体与西藏块体强烈碰撞，形成喜马拉雅山和藏北高原，并使得中国西部地区大幅度隆起。南海及其周边地区处于三大板块交接处，受到三大板块的影响巨大，构造十分复杂。

2.3　南海地区断裂体系

南海地区的断裂展布方向有 NE、NW、近 EW、近 NS 和弧形断裂等 5 组[52]（图 2-3），其中 NE 向断层占主要地位，NW 向断层主要分布于南海北侧，近 EW 向断层主要分布于中央海盆区，近 NS 向断层集中分布于吕宋岛－台湾岛西侧和中南半岛东侧，弧形断裂主要分布在南部边缘。这些断裂按照切割深度可分为岩石圈断裂、壳断裂、基底断裂和盖层断裂，其中岩石圈断裂对南海的演化特征和分布形态起控制作用。例如，菱形的海底地形就是北东向和南北向断裂联合控制的结果[52]。按照力学性质和运动学特征，南海断裂可分为张性伸展断层、剪切走滑断层、压性逆冲断层及其他复合性断层等。

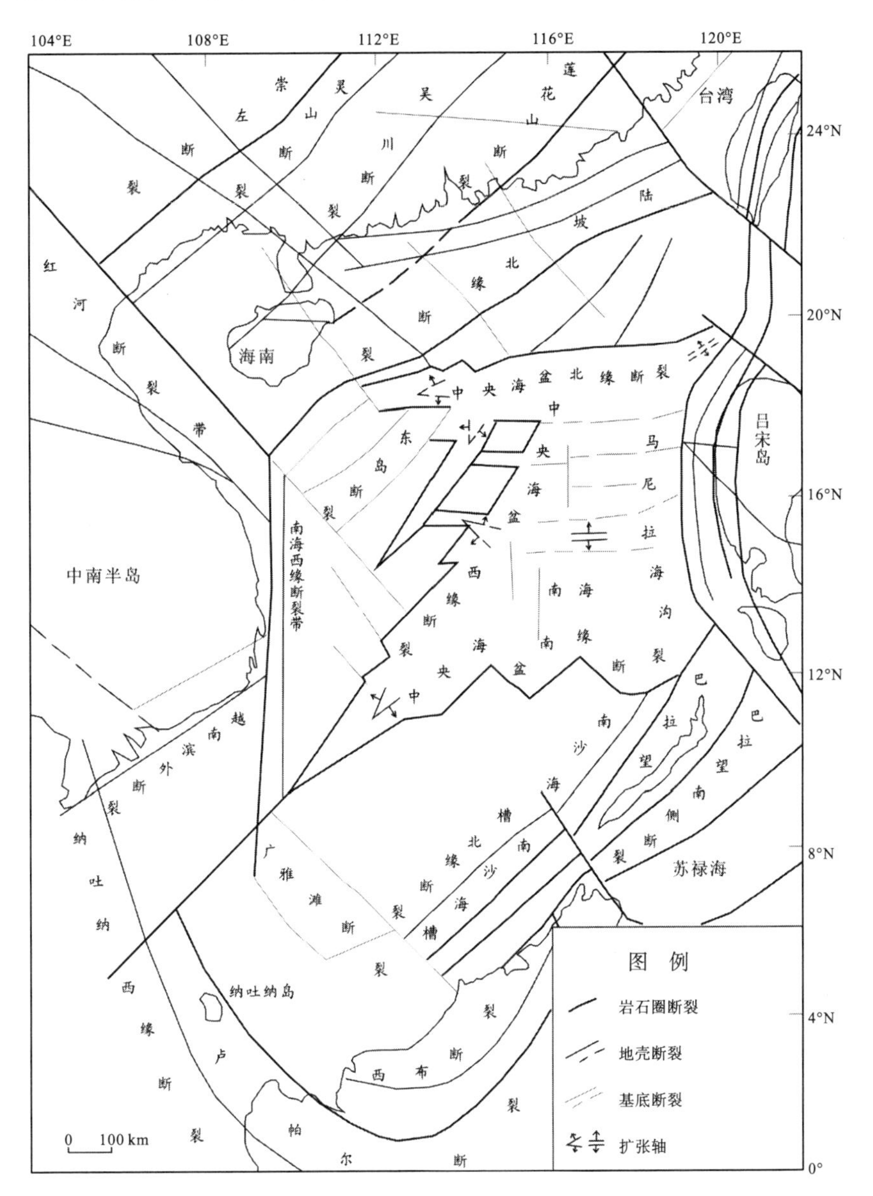

图 2-3 南海盆地断裂系统[52]

2.4 南海西北部地壳结构与基底特征

2.4.1 地壳结构

南海北部陆坡表现为重力异常的梯级带和地壳厚度的突变带。莫霍面深度由 26km 急剧递减到 13km，海槽区莫霍面抬升，而岛块区莫霍面下凹，莫霍面等深线总体走向为 NE 向[73]。

西沙海槽轴部莫霍面深度为20km，向东莫霍面逐渐抬升。中沙群岛、西沙群岛莫霍面深度分别为26km和25km，属大陆型地壳。其莫霍面等深线呈北东向展布。南海西北部莺歌海海区，莫霍面等深线呈北西向展布，并与西沙海槽相连，呈向南弯曲的弧形。此弧形带为地幔隆起带，莫霍面深度20～24km，重力空间异常为负的低值异常，反映该区沉积层较厚[73]。

2.4.2 基底特征

南海北部陆缘属于华南地块的南缘，其东部的前新生代基底为红色的粗粒花岗岩、粗粒黑云母花岗岩和花岗闪长岩斑岩。在中生代岩石之下，陆缘东部广泛分布了下古生界，西部分布有上古生界[7]。

在西沙群岛的永1井钻遇了元古代的深变质花岗片麻岩、黑云母花岗岩片麻岩、黑云二长片麻岩和变斑晶混合岩组成的深变质岩系[7]，这说明在南海形成之前该区存在一个以前寒武系结晶岩系为基底的古陆块[6]。

北部湾属于云开地块的西段在该地区的延伸，其基底主要由元古界云开群和寒武系八村群组成，为一套中等变质-混合岩化的巨厚复理石碎屑岩建造。该地区还钻遇了白垩系红色砂砾岩、安山玢岩、凝灰岩等。

海南岛西部及南部盆地边缘斜坡的基底主要包括混合岩类、石英岩类、绿泥石绢云母片岩等变质岩；古生代白云岩、灰岩等碳酸盐岩；中生代闪长岩、花岗岩等中酸性侵入岩及安山岩、流纹岩、泥质粉砂岩等火山碎石岩和红层。

对于琼东南盆地来说，其基底地层以中生代燕山期花岗岩为主，有白垩纪和晚中生代中酸性侵入岩，局部发育晚白垩世沉积岩。

从南海西北部基底岩性及其分布看，其基底是由不同块体在加里东期、海西期、印支期不同阶段拼合而成，其刚性及横向非均质性具有明显差别。

2.5 古南海及周边地区构造活动简史

1. 太平洋板块向欧亚板块的俯冲

中生代时，太平洋的扩张脊至少由三条主要的脊组成，库拉板块、法拉龙板块以及菲尼克板块从北西、北东和南面围绕着太平洋板块。185～100Ma期间，特提斯板块向北推移和俯冲，库拉-太平洋板块向北北西向俯冲，中国大陆边缘向太平洋方向蠕散。大约100Ma，受库拉-太平洋脊向大陆边缘斜向俯冲的影响，在亚洲岸带产生向大洋拉张的运动，南海中央盆地在晚白垩世至古近纪张开。距今大约45～40Ma，库拉-太平洋板块运动由北西转变为北西西向，亚洲东南的太平洋板块开始了新的俯冲作用，转换断层转变为俯冲带。

2. 印度板块与欧亚板块的汇聚

中始新世(约 45Ma)，印度洋发生了第三次扩张[73]，促使印度板块和澳大利亚板块结成一个统一的板块并向北东方向运动。此时，印度板块－欧亚板块之间的汇聚方向则由 NE-SW 向逐渐转为正北方向。印度板块－欧亚板块的正面碰撞已经开始，在此期间的碰撞主要表现为印度板块向欧亚板块逐渐楔入，青藏高原开始隆升。大约 43Ma，太平洋板块向欧亚板块的汇聚方向转为 NWW 向，在南海地区产生南东向的拉张应力场，促使地壳减薄、裂陷加剧。中始新世—早渐新世，华南内陆沿海隆起，裂陷中心南移，南海北缘裂陷活动达到高峰，裂陷中心由西向东呈雁列式展布。中新世早期至中新世中期，印度板块与欧亚板块的汇聚速率发生小幅度下降，由中新世初期的 60mm/a 降至 45mm/a，汇聚方向则再次向 SW-NE 向偏转。中新世晚期至第四纪，印度板块－欧亚板块汇聚速率在晚中新世升至 50mm/a 左右，汇聚方向也朝正北方向发生转变[73]。

3. 澳大利亚板块－欧亚板块的汇聚

晚渐新世末，澳大利亚板块北缘与巽他沟弧系碰撞，导致了班达弧的弯曲，将早白垩世形成的洋壳封闭成班达海。中中新世，澳大利亚板块向西北加速运动，阻止了南海中央海盆的继续扩张，东南亚陆缘重新回复到以压性为主导的格局[73]。

4. 古南海的演化

Haile[74]根据婆罗洲北部拉姜盆地 Kuching 带下发育的向北变年轻的陡倾角复理石、蛇绿岩与糜棱岩组合，推测在现今的婆罗洲和南沙地块之间曾存在一个洋壳性质的海洋——古南海。在中侏罗世至白垩纪时，中国东部边缘为一活动大陆边缘。在南海地区，古南海洋壳曾向西北方向俯冲，火山弧沿今日台湾、东沙群岛、中沙群岛和万安滩一带分布[75,76]。早白垩世末，路科尼亚、礼乐地块和南沙与南海北部陆缘发生碰撞，北西方向的俯冲停止。晚白垩世到早古新世，中国东部大陆边缘发生了一次张性构造运动，由于大陆岩石圈向南东运动，在陆缘产生大量北东向断裂以及地堑、半地堑。此时，古南海洋壳沿加里曼丹北部边缘向东南方向俯冲。晚始新世至早渐新世，古南海向东南运动，北部大陆边缘被拉开，路科尼亚地块在早渐新世与加里曼丹岛沿卢帕尔一线碰撞缝合[75,76]。

晚渐新世，由于印度板块与欧亚板块发生碰撞，在南海北部产生了又一次扩张。礼乐－巴拉望地块与中国大陆分离，向南运动，在其北部发生海底扩张，南海东部次海盆开始形成。中中新世末，礼乐－东北巴拉望地块与加里曼丹－卡加延地块开始碰撞，古南海消亡，南海的海底扩张停止(图 2-4)。

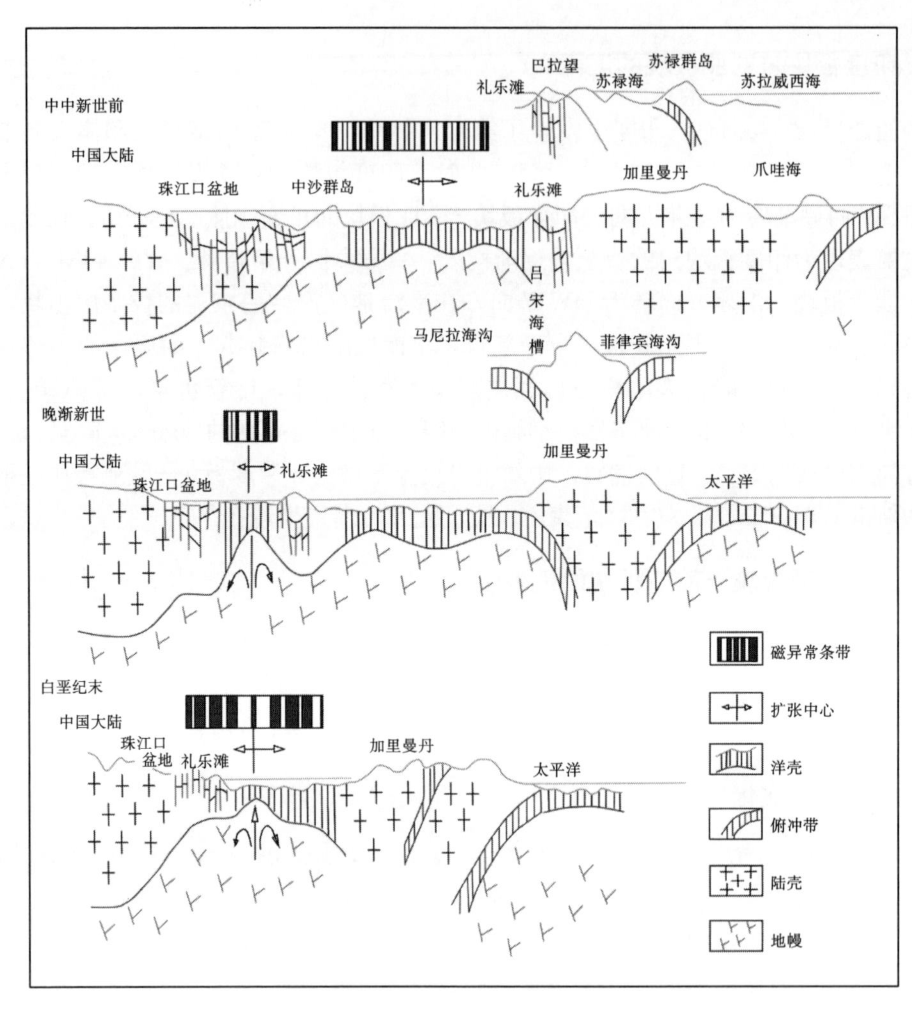

图 2-4　南海新生代形成示意图[63]

2.6　地层特征

南海西北部地区的钻井揭示了新生界地层序列，自下而上包括古近系始新统岭头组、下渐新统崖城组和上渐新统陵水组、新近系下中新统三亚组、中中新统梅山组、上中新统黄流组、上新统莺歌海组和第四系乐东组(图 2-5)。各组的岩性特征简述如下。

第四系乐东组：上部为浅灰色、灰色软泥及砂层、砂、砾层互层，富含贝壳碎片；下部为厚层灰色软泥、砂质软泥夹灰色钙质砂层或粉砂层、泥质粉砂层。

上新统莺歌海组：分为二段，以灰色、绿灰色厚层泥岩为主，夹薄层浅灰色、灰白色泥质粉砂岩、粉-细砂岩。局部发育灰质砂岩、砾状砂岩、灰岩及薄煤层，呈下细上粗反沉积旋回，与下伏黄流组呈不整合接触。

上中新统黄流组：以普遍含灰质为特征。灰色砂质灰岩、褐灰色灰岩、灰黄色生物灰岩与灰、深灰色泥岩、浅灰色粉-细砂岩不等厚互层。黄二段仅崖 35-1 构造钻遇，为浅灰、灰白色细砂岩、泥质粉砂岩夹薄层灰、深灰色泥岩。崖北凹陷缺失该组，崖南凹陷钻厚 0～664m。

地层					岩性剖面	岩性简述	古生物			古生物
系	统		组	段			有孔虫	超微	孢粉组合	
第四系	更新统		乐东组			松散、未成岩，以灰色黏土为主，夹薄层浅灰、绿灰色粉砂岩、细砂岩，上部见砾状砂层。富含生物碎屑	N22	Nn19		热带—南亚热带
新近系	上新统		莺歌海组	一		以灰、绿灰色厚层泥岩为主，夹薄层浅灰、灰白色泥质粉砂岩、粉砂岩、细砂岩。局部见砾状砂岩。灰岩及薄层煤，呈下细上粗反沉积旋回	N21—N18	Nn18—Nn12	YQP₆	
				二						
	中新统	上	黄流组	一		以普遍含灰质为特征，灰色砂岩，褐灰色灰岩，灰黄色生物灰岩与灰、深灰色泥岩，浅灰色粉、细砂岩不等厚互层	N17—N15	Nn11—Nn9	YQP₅	
				二		浅灰、灰白色细砂岩、泥质粉砂岩夹薄层灰、深灰色泥岩				
		中	梅山组	一		浅灰色泥质粉砂岩、粉、细砂岩与灰色泥岩的等厚互层局部见灰质砂岩、砂质灰岩	N14—N18	Nn8—Nn5	YQP₄	
				二		灰、深灰色泥岩与浅灰、灰白色粉砂岩，细砂岩不等厚互层，局部见灰质砂岩、灰岩、浅灰色砂粒岩				
		下	三亚组	一		砂、泥岩的等厚互层，局部见灰质	N18下—N4上	Nn4—Nn上	YqP₃	
				二		浅灰、灰白色粉-细砂岩，砾状砂岩为主，见夹薄层灰色泥岩，砂质泥岩，局部见灰色煤层				
古近系	渐新统	上	陵水组	一		浅灰、灰白色细砂岩，粉-细砂岩与灰、深灰色泥岩不等厚互层	N4下	Nnx下	YQP₂	暖温带
				二		灰、深灰色厚层泥岩夹浅灰色薄层粉-细砂岩、细砂岩	P22	Np25		
				三		灰白、浅灰色砂砾状砂岩、粗砂岩、粉-细砂岩夹薄层深灰色泥岩，局部见生物灰岩/灰岩		Np24		
		下	崖城组	一		灰白色砂岩、砾状砂岩粉-细砂岩夹深灰、褐灰色泥岩局部见薄煤层	P21	Np23		
				二		下部为浅灰色中、粗砂岩，砂砾岩与深灰、褐灰色泥岩互层；上部为厚层褐灰色泥岩，局部夹薄煤层				南亚热带
				三		浅灰、灰白色砂岩，砾状砂岩，中砂岩，粉-细砂岩与灰褐、棕褐色泥、页岩的等厚互层，夹大量薄煤层	P20			
	始新统		岭头组(推测)	一		深灰、灰黑色等厚泥岩为主，夹灰色砂岩				
				二		杂色厚层状砾岩，砂砾岩、砾状砂岩不等厚互层				
前古近系						花岗岩、闪长岩、石灰岩、安山阶岩、角岩、英安流纹岩等				

图 2-5　琼东南盆地地层综合柱状图(据中海油资料修改)

中中新统梅山组：以普遍含钙为特征，分为二段。梅一段为浅灰色泥质粉砂岩、粉－细砂岩与浅灰色泥岩互层，局部见灰质砂岩、砂质灰岩；梅二段为灰色、深灰色泥岩与浅灰、灰白色粉砂岩、细砂岩不等厚互层，局部见灰质砂岩、灰岩。

下中新统三亚组：分为二段。一段为浅灰色、灰白色粉砂岩、细砂岩、砾状砂岩与灰色、深灰色泥岩互层，局部含灰质；二段为浅灰色、灰白色粉－细砂岩，砾状砂岩为主，间夹薄层灰色泥岩、砂质泥岩，局部见灰岩，与下伏陵水组呈角度－平行不整合接触。琼东南盆地钻厚 0～795m，崖 11-1 构造带缺失本组。

上渐新统陵水组：分为三段。三亚组一段为浅灰、灰白色细砂岩、粉－细砂岩与灰、深灰色泥岩不等厚互层；三亚组二段为灰色、深灰色厚层状泥岩夹浅灰白色薄层粉－细砂岩、细砂岩；三亚组三段为灰白、浅灰色砂砾岩、砾状砂岩、粗砂岩、粉－细夹薄层深灰色泥岩，局部见生物灰岩、灰岩，与下伏崖城组呈不整合接触。

下渐新统崖城组：可分三段，呈粗－细－粗沉积旋回。陵一段为灰白色砾岩、砾状砂岩、粉－细砂岩夹深灰色、褐灰色泥岩，局部发育薄煤层；陵二段下部为浅灰色中－粗砂岩与深灰色泥岩互层，上部为厚层褐色泥岩，局部发育薄煤层；陵三段为浅灰色、灰白色砂砾岩、砾状砂岩、中砂岩和粉－细砂岩与灰褐色、棕褐色泥岩、页岩互层，间夹大量薄煤层，与下伏始新统呈角度不整合接触。本组主要分布在断陷中，在凸起上缺失或变薄。琼东南盆地中有崖 19-2-1、崖城 11-1、崖 11-2 和崖 11-4 等井揭示，钻厚 0～910m。

始新统岭头组：莺歌海盆地莺东斜坡残凹中的两口井(岭头 1-1-1 和岭头 9-1-1 井)钻遇该套地层。上部以深灰、灰黑色厚层状泥岩为主，夹灰色砂岩；下部岩性为杂色厚层状砾岩、砂砾岩、砾状砂岩不等厚互层。据推测，琼东南盆地、中建盆地、浪花坳陷等地也发育有这套地层。

第 3 章　南海北部陆缘类型及盆地动力机制

本章重点讨论南海北部陆缘的分段性，并对各段边缘类型进行对比分析，在此基础上讨论南海海盆扩张的动力机制、演化历史。

3.1　南海北部陆缘的分段性

南海北部陆缘西起北部湾，东达台湾岛西部，其间地形地貌乃至地质结构差异巨大。对于这种复杂区域，划分单元往往是科学研究的起始。对于南海北部陆缘的分段，尚未检索到对其明确划分的文献。较为相近的是王海荣等[77]在研究南海北部陆坡时提出的陆坡划分方案。他们依据陆坡走向、由浅而深的地貌变化、地形等深线的变化趋势等将南海北部陆坡自西而东依次划分为莺琼陆坡段、神狐陆坡段、珠江海谷陆坡段、东沙陆坡段和台湾浅滩陆坡段。虽然他们是对陆坡的分段，而非陆缘分段，但仍然可作为本书分段的参考。结合他们的思路，并通过对南海北部陆缘地形地貌及地质结构、演化历史的相关调查研究，南海北部陆缘可划分为西—中—东三段，其划分界线如图 3-1 所示。各段在地形地貌、地质结构、地壳厚度等方面都有明显差异。

首先，在地形地貌方面，西—中—东各段各自具有其典型特征。

对南海的地貌特征，不同学者从不同角度进行了论述，较新的有刘忠臣等[78]、李家彪[7]对南海地貌的论述。本书参照这些资料，对比分析各段地形特征，制作了各段地形剖面图(图 3-2)。从图中看，代表西部边缘的 A1、A2 两条剖面都显示西部陆缘具有长陆坡、短陆架的特征。

从陆架宽度看，南海北部陆缘西部为窄陆架，而中、东部为宽陆架。海南岛以南的陆架仅几十千米到一百千米宽(图 3-1，A 段)；海南岛和雷州半岛以东陆架宽(图 3-1，B、C 段)，并且自西向东逐渐变窄，由西部的 350km 左右收缩到东沙群岛以东的 200km。

从陆坡地形看，南海北部边缘的西段地形复杂，而中、东段相对简单。从图 3-2 可以看出，西段(图 3-1，A 段)地貌复杂，海槽、海山、海台等相间分布，从陆架坡折到深海平原宽度达六百余千米，东、中段(图 3-1，BC 段)则相对简单，其陆坡宽度仅 200～300km。在这些“简单”陆坡中，中段(图 3-1，B 段)陆坡地形上凸，表现为进积陆坡；而东段(图 3-1，C 段)陆坡地形下凹，表现为侵蚀型陆坡。在中段，东西差别也较大。如图 3-2 中的 B1，即神狐陆坡段较短，坡度也较大；B2，即珠江口陆坡段较长，坡度缓。这种差别的控制因素在于物源，珠江口陆坡段有大型河流注入，物源充沛，而神狐段则物源注入较少。

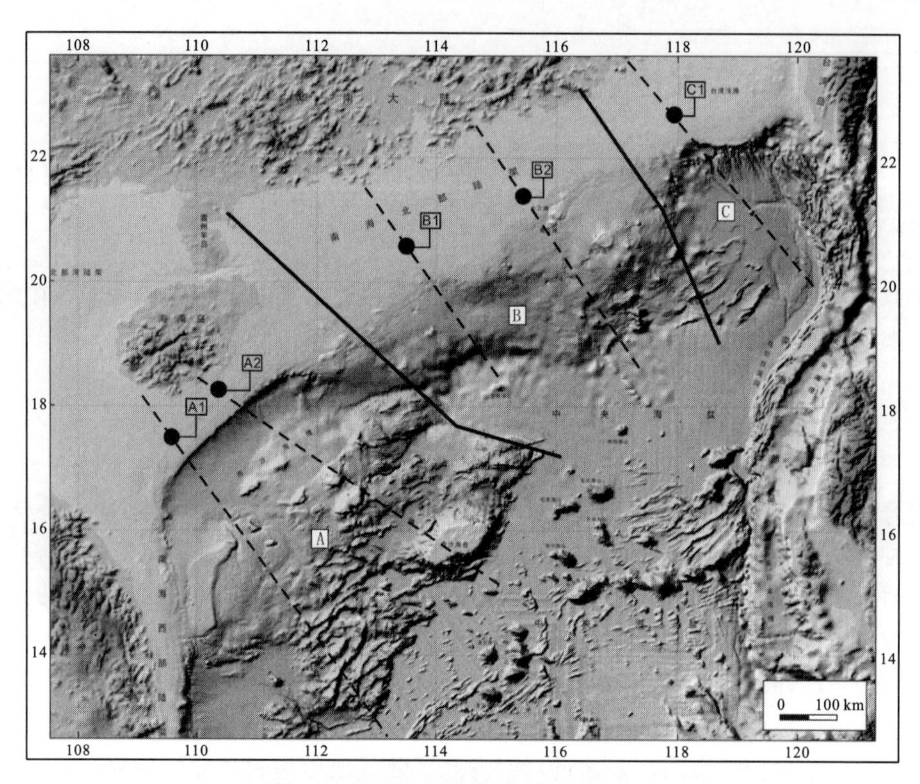

图 3-1　南海北部边缘地形特征及分段

（图中黑线为各段的分界，虚线为图 3-2 中各地形剖面的位置）

其次，从地质结构上，西－中－东各段差异巨大。西段(图 3-1，A 段)裂谷期自西北向东南依次为琼东南盆地、西沙－中沙隆起，其上发育中建盆地，盆地的分隔性强，结构单元的划分较为细碎。例如，琼东南盆地自北向南可以分为北部坳陷带、北部凸起带、中央坳陷带、中央凸起带、南部坳陷带。坳陷带内还可以划分出凹陷、凸起以及洼陷、突起等不同级别的构造单元。后裂谷期，西段北部发育大型进积体，而南部则发育大型碳酸盐岩台地。中、东段(图 3-1，B、C 段)地质结构与大西洋型被动陆缘盆地较为相似，从陆架经简单陆坡到深海平原表现为多个隆起或低凸起分隔的断陷沉降带。

最后，西－中－东各段地壳厚度差异也比较明显。东、中段自北部向南部地壳厚度由 27km 依次递减，直到海盆中的 13km；西段先是自北部海南岛的 30km 向南递减，其南侧的琼东南盆地地壳较薄，仅 22km 左右，向南到西沙隆起地壳厚度增加为 26km，再向南到西南海盆递减为 12km。

以上诸多差异都暗示了南海北部陆缘不同段在成因机制、演化历史等方面各具特色。特别是南海北部陆缘西段自北向南横跨数百千米，地质特征复杂，同时该区域也是研究较为薄弱的地区，有必要开展系统的研究工作。

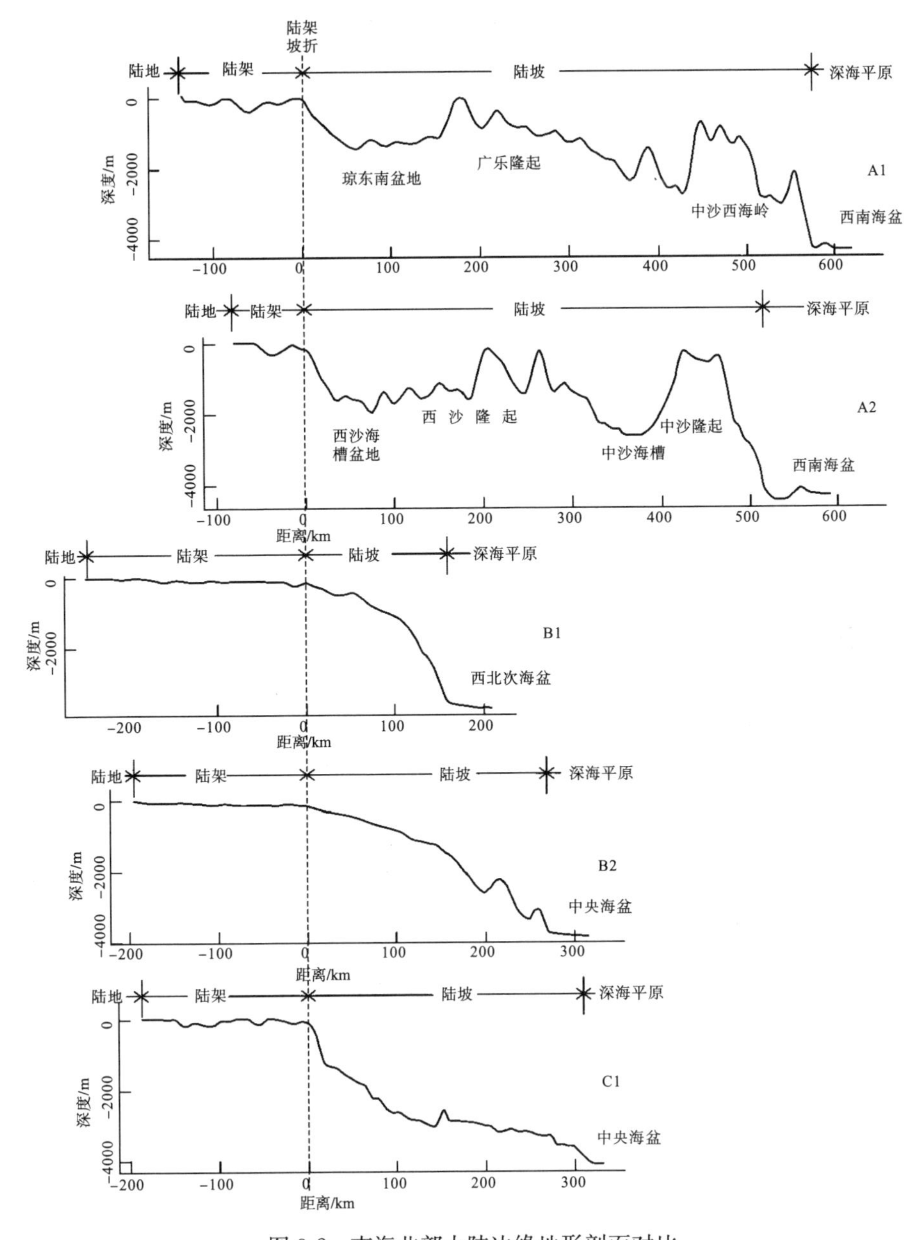

图 3-2　南海北部大陆边缘地形剖面对比

（横坐标为距离陆架坡折的距离，单位 km；纵坐标为距离海平面深度，单位 m）

3.2　南海北部被动陆缘的类型

对于南海北部大陆边缘的类型，多年来众多学者进行了相关讨论。有学者以南海北部边缘的特殊性，对其进行了特殊的总结，如“南海型大陆边缘”[25]、“准被动大陆边缘”[79]、“类被动大陆边缘”[80]等等。姚伯初[76]认为在新生代南海海盆经历了大西洋型海底扩张的演化历史，经历了陆缘张裂和海盆扩张，才发育成现今的构造格局。南海北部陆缘可以与大西洋两岸的被动大陆边缘盆地类比。因此，南海大陆边缘属于大西洋型被动大陆边缘。该观点目前已为大多数学者所接受。但李思田等[50]认为南海北部边缘具有较强的构造活动性，虽然构造样式属于伸展的、裂陷的大陆边缘盆地，但不属于被动大陆边缘盆地，而是带有活动边缘的烙印。

现如今，对于南海的被动陆缘性质已经少有异议，但对于其亚类划分的争议较大。宋海斌等[23]认为南海北部陆缘的东部为准火山型被动陆缘，而西部则为张裂大陆边缘。吴世敏等[22]则指出被动陆缘并不完全等同于稳定陆缘，南海北部陆缘在形成机制上属于非火山型被动陆缘，其活动性因素是受周边板块相互作用的叠加所致。

3.2.1 火山型被动陆缘和非火山型被动陆缘

应当说，世界上每一个被动大陆边缘都是独一无二的，但是可以总结其中一些普遍规律进行简单分类，以利于总结规律。Mutter 注意到许多被动大陆边缘形成过程中总是伴随着岩浆活动，因此可将被动大陆边缘划分为火山型被动大陆边缘和非火山型被动大陆边缘[81](图 3-3)。

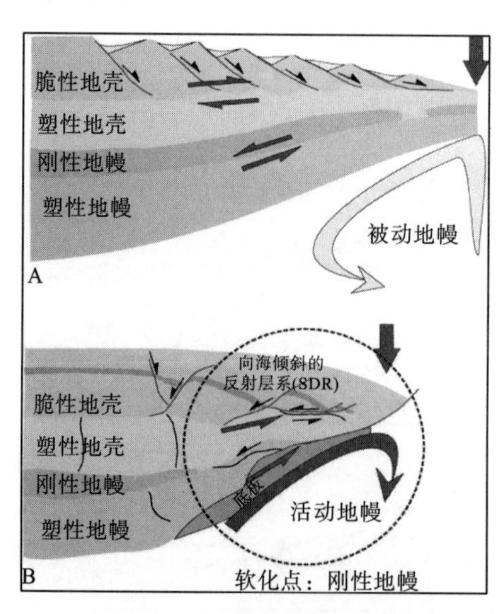

图 3-3 火山型和非火山型被动陆缘的地幔动力关系[82]

(A. 被动，非火山型被动陆缘(SPM)；B. 活动，火山型被动大陆边缘(VPM)及岩石圈伸展；竖向红箭头代表分离区域，最早洋壳形成的区域)

火山型被动大陆边缘(volcanic passive continental margin)又称火山型张裂边缘(volcanic rifted margin，VRM)，是指大陆破裂阶段伴有强烈火山活动的被动大陆边缘。20 世纪 80 年代，在北大西洋等被动大陆边缘发现了一套厚达数千米、向海倾斜的反射层系(SDRS)，推测其为火山成因。后经大洋钻探证实，SDRS 主要由陆上或浅水环境喷出的玄武质熔岩组成。地震探测发现，SDRS 下伏厚约 20km、具有高波速(7.1～7.5km/s)的下部地壳层，可能是底侵的火成岩物质。火山型被动大陆边缘要求有异常高的地幔温度，其成因可能与地幔柱和巨型火成岩省有关[7,82,83]。

非火山型被动大陆边缘(non volcanic passive continental margin)是指大陆破裂阶段

不伴有强烈火山活动的被动大陆边缘。在这种边缘的形成演化过程中，岩石圈拉伸减薄占主导地位。通常在一个宽阔地带出现脆性断裂和块断作用，以及下地壳上地幔的塑性拉伸变形，岩浆活动一般仅限于岩石圈的深部，在地壳上部仅有少量火山岩分布[82,83]。

相比较而言，火山型被动陆缘较为狭窄，并且在大陆破裂阶段，其地壳因岩浆而增厚，易形成高速底侵层。有证据表明，大多数被动大陆边缘皆属于火山型的被动陆缘[82]。火山型被动陆缘(图 3-3，B)的主要识别标志[82]包括：①大量火成岩地壳增长；②狭窄的边缘("细颈化")；③地壳向海弯曲，断层向陆倾斜；④在拉张过程中没有沉降。

在 2000 年举行的美国地质学会 Penrose 火山张裂边缘研讨会上，科学家们总结了火山型张裂边缘主要特征[83]：①在隆起和剥蚀前的大陆边缘上有 4～6km 厚的近地表火山岩；②有可能代表新的基性岩浆岩地壳的下地壳中的高速(约 7.5km/s)岩浆底侵物质，存在与侵入物质相对应的大陆边缘喷发岩或在洋陆过渡带中间的向海倾斜的反射层，这种反射层可能包含火山岩、火山碎屑岩和非火山成因的沉积岩；③70%～80%的喷发岩是在 1～2Ma 的时间间隔内侵位的，玄武岩浆从裂隙中溢出。单个喷发岩体可厚约 100m，面积可达数千平方千米；④海陆过渡带比较陡峭；⑤宽阔高原上裂谷两侧隆升可以高出海平面 4km，并成为周边拉张盆地的物源区。与随时间逐渐降低的热隆升相比，此类隆升是持久的。不论在年轻活跃的还是在古老而不活跃的火山型张裂边缘，此类山系的高度均随着距离裂谷轴心距离增大而减小；⑥岩浆作用与裂谷不一定同时产生；⑦在大部分火山型张裂边缘，岩浆作用前没有明显的数千米级的隆升，但是可以观测到隆升且遭受快速剥蚀的大陆边缘，这表明隆升和(或)海平面的变化是火山型张裂边缘形成的关键因素；⑧同非火山型张裂边缘相比，火山型张裂边缘没有观测到地幔岩石的裸露；⑨火山型张裂边缘形成之前，大陆表面与海平面接近，大陆表面物质具有各种各样的沉积环境。

3.2.2 关于南海北部被动陆缘类型的讨论

前已述及，南海北部陆缘依据地形地貌、地质结构、地壳厚度等可分为三段，暗示了南海北部陆缘东、中、西段存在不同的成因机制，分属不同的被动大陆边缘类型。

宋海斌等[23]认为南海北部陆缘的东部(相当于本书的中、东段)属于火山型被动陆缘，而西段则为张裂大陆边缘。其主要证据包括：①南海深海盆的两侧均发育大于 7.0km/s 的高速层[84,85]；②越南南部陆架、珠江口盆地等地存在一定规模的火山活动；③南海北部边缘东部，有明显的类似于美国东海岸和格林兰边缘的静磁带，宋海斌等[23]认为这可能是洋壳初始阶段，喷发过快导致不能出现正负磁异常条带；④在其研究中的测站 2 附近，地震反射剖面显示在地壳底部有一束扇形反射层，这被认为是与玄武岩流近地表喷发相对应。南海北部陆缘东部(图 3-1，B、C 段)具有一定规模的火山活动，但是未识别出向海倾斜的反射层，因而是火山型和非火山型的中间的过渡类型，可称其为准火山型被动陆缘。

而吴世敏等[22]则指出被动陆缘并不完全等于稳定陆缘，被动陆缘也存在岩浆活动。南海北部陆缘在形成机制上属于非火山型被动陆缘，其活动性因素是由周边板块相互作用的叠加所致。

本书收集了南海北部陆缘大量地震反射资料，对其中的岩浆岩地震反射特征进行综合分析，结果显示：

(1)虽然南海北部陆缘火山活动频繁，但是至今未发现向海倾斜的岩浆岩反射层。

在中段的珠江口盆地新生界有 18 口井钻遇岩浆岩，地震剖面上也多有显示[22]。但是，其早期(57～40Ma、27～17Ma)主要为中酸性及中基性喷发，而非大面积的玄武岩喷发。这与火山型被动陆缘往往在大陆裂谷阶段伴随有强烈玄武岩喷发的特征不一致。南海地区直到海盆扩张结束以后才以基性喷发为主(8Ma 以后)，其成分属于碱性－拉斑玄武岩的过渡，稀土元素总量较高，轻稀土富集，代表源于地幔的板内玄武岩。南海新生代玄武岩 K-Ar/Ar-Ar 年龄为 3.8～7.9Ma，为晚中新世以来岩浆活动的产物，与周边地区的碱性火山岩在年龄上具有一致性[86]。

在西段(图 3-1，A 段)，地震解释也未发现向海倾斜的反射层系(SDRS)。该区溢流相火山主要发育在 5.5Ma 左右，是海盆扩张以后的产物。

(2)南海北部陆缘西段的岩浆活动比中、东段剧烈。

从地震剖面上看，西段(图 3-1，A)在火山岩数量、剧烈程度上都明显大于中、东段(图 3-1，B、C 段；图 5-31)。南海北部陆缘东、中、西各段对比应考虑其在海盆扩张过程中所处的位置，就洋－陆过渡带的比较而言，珠江口白云凹陷与西沙－中沙南缘可比性较大，因为它们都靠近洋盆，陆壳减薄较多，是岩浆活动的理想场所。但是，通过对地震资料的观察分析，白云凹陷岩浆活动的显示较少，而西沙岩浆活动却非常普遍，且活动期次多、产状多样(图 3-4)。早期(30Ma)以岩浆侵入为主，晚期(10.5Ma 以后)则多为指状侵出、席状溢流。

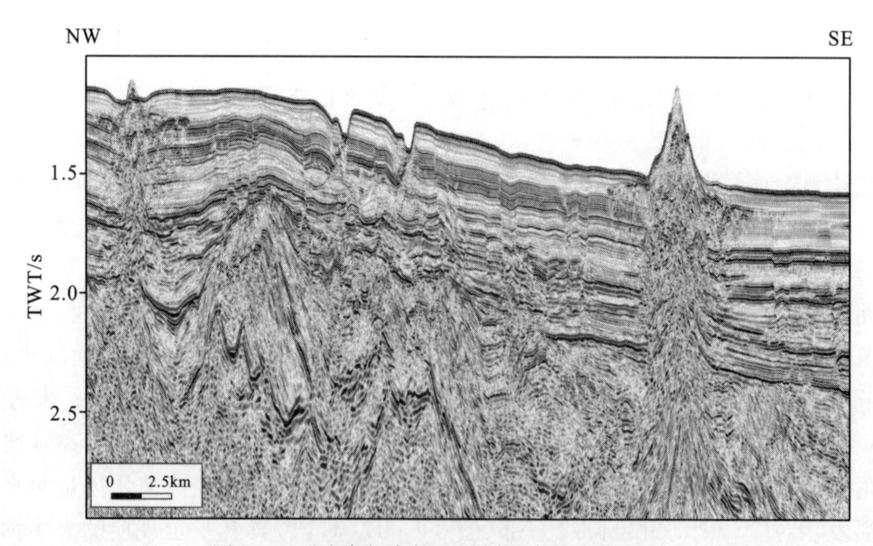

图 3-4　西沙隆起南部地震剖面中的火山显示
(早期以岩浆侵入为主，晚期则多为指状侵出)

西南海盆形成于 23Ma 以后，因此南海西北部 30Ma(大陆裂谷阶段)出现的大量岩浆活动可能成为南海北部边缘西段属于火山型被动大陆边缘的证据。但地震资料显示该期火山以侵入为主，而非喷发岩，与火山型被动陆缘的特征不符。从地壳厚度看，虽然西沙－中沙地块地壳厚度均达到26km，但这种厚地壳的出现主要是由于该地块本身刚性强的原因。如果本区是由于上涌的岩浆冷却，促使地壳厚度增加，那么中沙地块西侧的盆西海岭的厚度也应增加。而实际上盆西海岭的地壳厚度较薄，仅16～14km。与东、中段类似，西段也没有向海倾斜的玄武岩层状反射。从靠近海盆段的地壳减薄方式看，西北部陆坡段呈阶梯状依次减薄。这些现象都说明南海北部陆缘西段具有典型的非火山型被动陆缘的特征。

(3)关于静磁带和高速层。

静磁带与火山型被动陆缘是否存在必然联系，这个问题尚无定论。南海北部陆缘东部剖面具有明显高速下地壳层，并与磁静区相对应。对于高速层，姚伯初等[55]提出了大陆张裂，地壳减薄，地幔上涌冷却形成高速岩层加固地壳的模式。但是这种高速层是否为底侵层仍存在疑问，它可能与中生代洋壳及壳下地幔结构有关，而与岩浆活动没有必然联系。此外，底侵层并非火山型被动大陆边缘所特有，非火山型边缘也存在高速底侵层[87]。在被认为是非火山型被动陆缘的南海北部陆缘西段，姚伯初等[54]就认为其存在高速层。目前，测量数据并未覆盖西段全部，只是延伸到西沙北部，对于西沙南部直到中沙地块是否具有底侵层还有待进一步研究。

从大西洋两岸的研究看，底侵层往往使得洋－陆过渡带的地壳加固增厚，从而形成陡峭的被动大陆边缘。南海的底侵层只是分布在南北两侧减薄的地壳下部，南海海盆中部则没有，整体表现为两侧厚中间薄的楔状体(图3-5)。地壳厚度从北到南依次减薄，“陡峭”的被动陆缘特征不明显，地壳固结程度弱。因此，在陆架、陆坡上分布了多个盆地，沉积物主要分布在陆架、陆坡上，向海进积少。

综上所述，本书认为南海北部陆缘东、中、西三段均为非火山型被动陆缘，推测其形成与地幔柱和巨型火成岩省的发育关联不大。

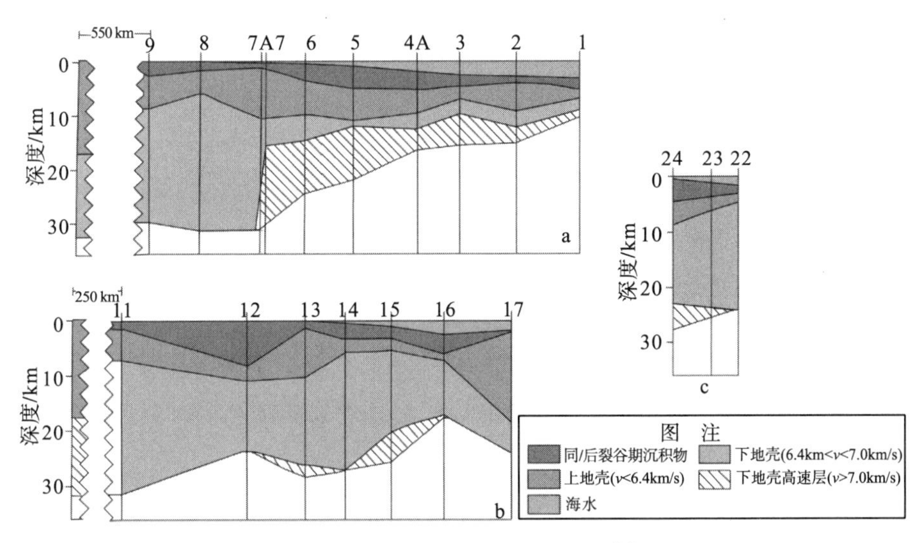

图3-5　南海北部地壳结构剖面[7]

(东部剖面反映的地壳结构与西部剖面明显不同，前者为拉张减薄的陆壳，并伴有地幔隆起与地壳的上拱作用，后者则主要是裂陷作用)

3.3　南海扩张的动力学机制探讨

南海受三大板块共同作用的影响，具有复杂的地质条件、演化历史和动力学机制，是西太平洋边缘海盆地中最为复杂的盆地之一。因此，南海长期以来都是全球地质学研究的热点，其盆地类型、动力学机制还存在争论。而本书将在前人研究的基础上，从南海北部陆缘的实际资料出发，对其动力学机制进行初步探讨。

前已述及，关于南海扩张存在多种动力学机制。本书的研究中，综合南海南北陆缘盆地的张裂结构特点[58,88,89]、岩浆活动规律[90-92]和演化历史[41,93]认为，南海在新生代主要表现为被动陆缘特征，大西洋型海底扩张较符合南海的实际情况。

洋盆的扩张起始自裂谷，而我们一般将裂谷归为两类：主动裂谷和被动裂谷[94,95]。在主动裂谷作用中，地表变形和热柱或热席对岩石圈的底部的撞击作用相伴。来自地幔的热传导加热作用以及源于岩浆生成的热流传播作用、对流作用均可使得岩石圈变薄。如果来自软流圈的热流作用很大，大到可以使大陆岩石圈迅速减薄，这将会引起均衡隆起，这些隆起产生的张应力可导致大陆裂开。在被动裂谷中，首先是岩石圈的张应力引起破裂，其次才是热地幔灌入岩石圈，而地壳穹窿作用和火山活动仅仅是次要过程[95]。

主动裂谷和被动裂谷的区分并不容易，很多情况下甚至很难区分。但就南海来说，认为其被动成因的观点较为普遍，如姚伯初等[55]就认为南海的扩张是由被动裂谷演化而来的。

对于这个问题，本书主要从以下几个方面进行分析：

1. 区域演化背景

古南海向南俯冲到巴拉望地块之下，俯冲带后缘的张应力背景下产生海盆扩张，造就了今日之南海(图 3-6)。因此，南海形成过程中具有区域拉张的构造背景，以及发育被动裂谷的先天优势。

2. 南海的地幔活动

许多主动裂谷与热点活动有关，其特征是地壳上出现大面积的穹窿上升和三叉裂谷，如红海－苏伊士－亚喀巴湾裂谷系。但是目前南海没有发现任何热点活动的轨迹。关于地幔柱，Fukao 等[49]用天然地震层析成像发现南海南部存在地幔热柱，但是地震层析精度有限，对南海地幔柱的年龄及位置难以确定，由此可知，南海属于地幔柱热活动的产物并不可靠。另外，也有证据表明在南海海域方位各向异性的探测显示软流圈现今不存在大规模水平流动，因此对流也相应不存在[7]。关于南海地幔柱的年龄，鄢全树[86]由橄榄石计算南海海底潜在地幔温度(T_p)平均值为 1661℃，暗示南海海底下的地幔可能存在热量异常，为南海地区存在地幔柱的观点提供了新证据。但是，他所采用的样品是新生代南海洋壳的产物，现今的地幔柱是否为古代海盆扩张的证据仍有待验证。对于南海扩张过程中的岩浆活动，一个重要表现是南海北部洋－陆过渡带地壳底部具有高速底侵层，如果南海的扩张是地幔活动的结果，那么很难有岩浆可以冷却加固地壳。因此，南海的打开也许与地幔活动有关，但更可能是一种非地幔柱过程[7]。

3. 裂谷与岩浆活动的先后关系

对南海北部陆缘分离不整合的研究发现，在白云凹陷、番禺低隆起、开平凹陷等地，分离不整合对下伏地层的剥蚀并不强烈，很多地方多是以整合形式存在。此前的地层中也少见大规模隆起剥蚀的沉积响应。由此推断，在南海裂谷发育乃至扩张时期，北部边缘处于下沉，亦或是轻度下沉的环境。而到洋壳形成之后，5.5Ma 才出现大规模的岩浆活动。由此可见，在南海发育过程中，裂谷的形成早于岩浆活动，南海属于被动裂谷基础上发育的小洋盆。

4. 洋壳结构

西南海盆的洋中脊为一个下凹的裂谷带，在重力分布图上表现为一条深深的凹槽。中央海盆的洋中脊分布有一排海山，但据资料显示这些海山是扩张后岩浆活动的产物，活动时间在 8Ma 之后。由此推知，中央海盆洋中脊原型也为类似西南海盆洋中脊的裂谷带。这与大西洋、太平洋洋中脊差别较大，后二者均表现为巨型的海底隆起。究其原因可能是由于岩浆活动弱，扩张缓慢，洋中脊提供的物质补给少造成的。另外，经典的海底扩张模式是在洋中脊处上涌的岩浆不断形成岩墙，向两侧推移，在这个过程中，自洋中脊产生向两侧的水平应力[17]，从而保证了洋壳的完整性和紧密性。南海的洋壳基底由许多块体组成，洋壳上张性断层密布，很多后期火山发育就是在断层处上涌喷发。因此，推测是因洋中脊产生的水平应力较小导致了洋壳结合的不紧密。

5. 物理模拟实验

Sun 等[96]对南海的扩张进行了物理模拟，他们设计了实验装置对南海南北拉张、地壳减薄、地幔上涌的全过程进行了模拟，与实际情况具有较高的相似性，从而进一步证明了南海的被动成因。

因此，本书认为，南海源于大西洋型海底扩张，并且其扩张起自被动裂谷(图 3-6)，相对于其他大洋来说，南海的扩张动力较小，同时受到周边块体限制，扩张程度有限。

对比中央海盆及西南海盆，中央海盆发育相对完全，可达到威尔逊旋回的成年期[98]，而西南海盆则发育不完全，在幼年期到成年期的中间阶段扩张就停止了，这是南海北部大陆边缘西段与中、东段巨大差别的本质原因。由于西南海盆扩张不完全，南海西部还发育有次级扩张中心，在这些扩张中心地幔上隆、地壳减薄(图 3-6)，其典型代表是琼东南盆地—西沙海槽。扩张中心之间为刚性较好的块体(如西沙－中沙地块)，具有较高的抗拉强度。

相对弱的海盆扩张与地壳横向的不均一性导致了南海西北部新生代具有多个活动中心，形成了隆坳相间的复杂地貌格局。而这些必然对后期构造、沉积演化造成了重大影响。

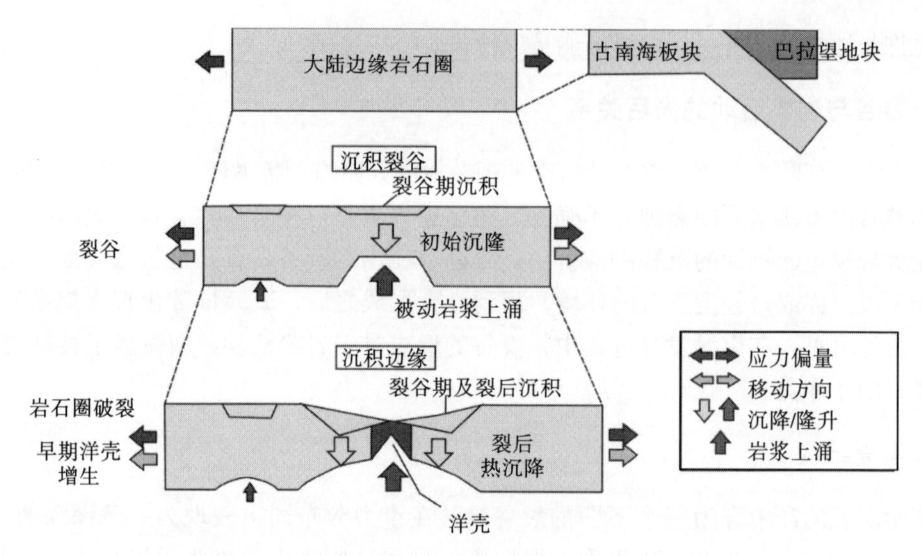

图 3-6　南海西部盆地扩张模式(据文献［82］修改)

(南海的扩张是华南古陆边缘裂解的结果，而古南海向南的俯冲拖曳作用可能是陆缘裂解的主要动力[97]。由于南海西北部的地壳横向不均一性导致拉张过程中产生复杂地貌)

3.4　南海扩张的历史

自 Ludwig[21]首次提出南海东部次海盆为洋壳结构的认识以来，人们对南海海盆扩张历史开展了大量研究。Taylor 和 Hayes[30,53]通过对东部次海盆地磁异常条带的研究认为，南海海盆的海底扩张时代为晚渐新世—中中新世(32～17Ma)。在新生代南海海底扩张之前，南海南北两侧的大陆边缘是紧密相连的。在南海海底扩张期间，南部礼乐－巴拉望等地块不断向南运动，直到 17Ma 前才到达现今的位置。Briais 等[39]根据 Cande 和 Kent[99]修正的磁条带年表指出，南海海盆从 30Ma 即进入扩张期。扩张最早从西北次海盆开始，在扩张了约 1.5Ma(30～28.5Ma)后即停止，东部次盆的扩张四川则一直持续到 25.5Ma，扩张方向变为近南北方向，扩张脊向南推进到中沙－西沙地块以东。25.5Ma 之后，扩张脊向南跃迁。新的扩张作用在 23Ma 以后沿东部次盆发育，并向西传递到西南次盆，转为以北西－南东向扩张。Ru 和 Piggot[32]根据南海的幕式裂谷及沉降作用提出，南海存在两阶段的扩张作用。其中，西南次海盆在晚古新世—中始新世期间扩张，而东部次海盆则在晚渐新世—早中新世期间扩张。何廉声[100]、吕文正等[101]、姚伯初[76,102]也都认为共发生过两次扩张，只是各自提出的扩张时期有所差异。

Sun 等[96]通过物理模拟重塑了南海演化的过程，将南海的主要构造历史总结为四个主要阶段(图 3-7)。

1. 晚白垩世至早渐新世(30Ma 之前)

南海曾经是大陆裂谷，其应力产生于南部古南海向婆罗洲的俯冲。南海北部和南部的大陆边缘发育 NE 和 NEE 向的断裂带。断裂走向在晚渐新世之前由 NE 向变为 EW 向。伴随着拉张作用和地幔上涌产生局部伸展，地幔上涌的最高点即为未来大陆的破裂点。第二阶段的地幔上涌发生在与之相关的裂谷带。中沙和西沙隆起区的存在，使其北部和南部迅速变薄，从而形成两个深海槽。隆起带的形态控制着深海槽的方位(图 3-7，A)。其他一些刚性的隆起，如郑和地块、礼乐滩和海南岛，可能也会对这种裂谷产生影响。

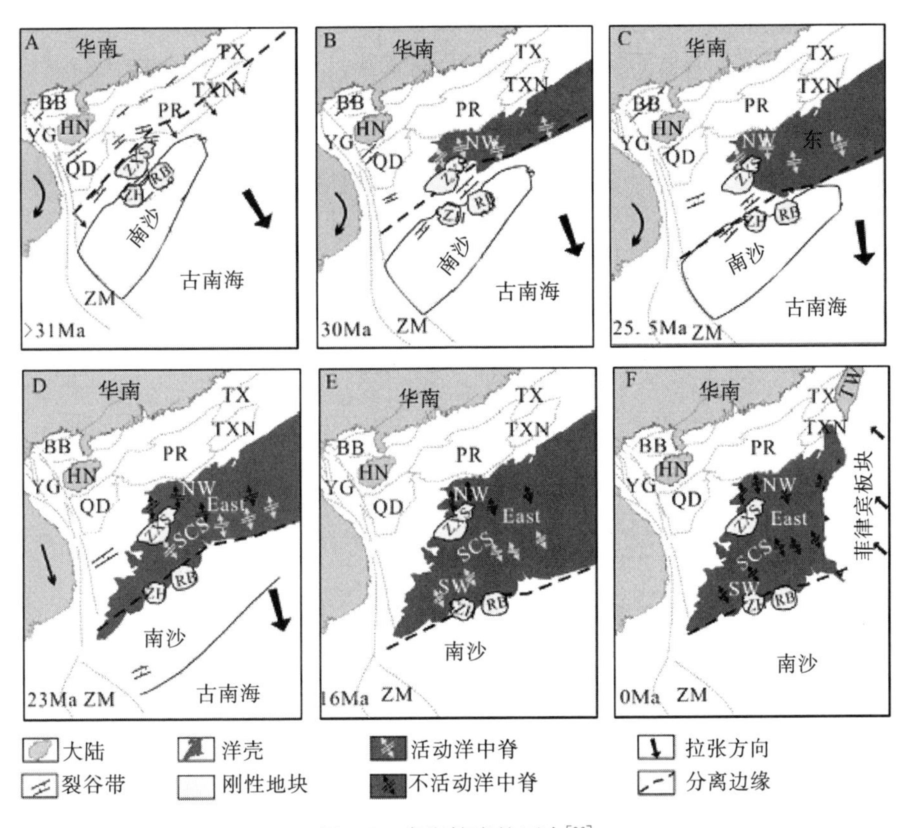

图 3-7　南海扩张的历史[96]

(BB. 北部湾盆地；HN. 海南岛；QD. 琼东南盆地；PR. 珠江口盆地；TXN. 台西南盆地；TX. 台西盆地；ZXS. 中沙. 西沙地块；ZH. 郑和地块；LB. 礼乐滩地块；TW. 台湾；ZM. 曾母)

2. 早渐新世至晚渐新世(30～25. 5Ma)

在 30Ma，首先在东部次盆产生岩石圈破裂，西北次盆沿着北部的海槽剧烈扩张，珠江口盆地、台西盆地和台西南盆地开始发育早期漂移层序，而南海西部由于区域伸展的作用，裂谷作用持续进行。随着扩张边界的南移，扩张脊也随之南移。由于中沙－西沙隆起是刚性的，向南部移动的扩张脊被阻挡在了隆起的东部。

3. 早中新世至中中新世(23～16Ma)

目前，对于扩张脊 25. 5Ma 后移动的原因尚不清楚。约 23Ma 时出现了一个新的扩张脊，它沿着新生的洋壳持续向南部移动。由于受南东向应力的影响，这个新的扩张脊沿着西沙隆起南部的海槽迅速向西扩展，西南海盆开始形成。位于扩张脊北部和西北部的北部湾以及琼东南等盆地裂陷结束，进入热沉降阶段。中中新世，南沙与婆罗洲(图 3-7，

E)发生了陆陆相撞，位于南部边缘的盆地完全停止了扩张。Taylor 等[53]和孙珍等[41]认为这次碰撞是南海停止扩张的原因。

4. 中中新世至今(16～0Ma)

随着菲律宾板块向北－西北的运动，南海板块俯冲到菲律宾板块之下(图 3-7，F)。在这一过程中，发生了明显的构造运动，比如东沙区域岩块的抬升、珠江口盆地的冲蚀以及台湾造山运动等。这种俯冲使南海的范围减小，并且使东部边缘的地质情况更加复杂。

第4章　南海西北部陆坡的地质结构

本章对南海西北部被动陆缘盆地的构造层序进行了划分，研究了南海西北部边缘的主要不整合面特征和地质结构特征，并讨论了陆坡隆起带及坳陷带的成因机制及普遍意义。此外，在此基础上，还根据不同构造层序分别对南海西北部陆坡区进行了构造区划。

4.1　南海西北部陆坡区构造层序

4.1.1　典型被动陆缘的构造层序划分

关于被动大陆边缘的构造层序划分，Falvey[103]强调一个被动陆缘盆地可以划分为裂陷(rifting)和漂移(drifting)两个巨层序，二者的分界为分离不整合面(breakup unconformity)。Bally[10]则认为一个发育完全的被动陆缘盆地在垂向上应由四个层序组成：裂陷前层序、裂陷层序、漂移早期层序和漂移晚期层序。从沉积特征上看，后三个构造层序又分别称为陆相层序、过渡层序和海相层序，这些划分方案已经为学界认可。而Edwards和Santogrossi[12]在《离散或被动大陆边缘盆地》中对四个层序的划分及其特征进行了系统总结：

裂陷前层序：主要为结晶基底或古生界、中生界残余物质。它们构成被动陆缘盆地的基底，往往处于大区域分布的削蚀不整合面之下。

裂陷层序：裂陷期张性断裂活动十分强烈，形成相互分隔的断陷湖盆。通常发育河流－三角洲和湖泊相碎屑岩沉积，并含有辉绿岩侵入体和玄武质火山岩。由于这种沉积充填特征，该层序又可称为陆相层序[10]。沉积物在狭长的裂谷盆地中，与周围地区很少或没有联系。

过渡－早期漂移层序：由于裂谷进一步发展，产生新的洋壳，洋中脊两侧的大陆分离形成大区域不整合，称为分离不整合[103]。过渡－早期漂移层序代表裂陷终止、裂陷沉积物隆起遭受削蚀、陆壳收缩塌陷和海底扩张开始时期的沉积。

漂移晚期层序：即被海底扩张继续加宽的成熟洋盆发展时期。由于地壳热收缩、沉积负载、局部构造活动等因素导致了大陆边缘的沉降，形成了一系列进积体。从浅海陆棚沉积到深海扇浊积岩均有发育。

这一垂向序列的概念至今仍被广为应用，其经典实例多处于大西洋两岸，图4-1为西南非洲大陆边缘，自下而上，其裂陷前层序、裂陷层序、漂移早期层序和漂移晚期层序四个构造层序依次发育。

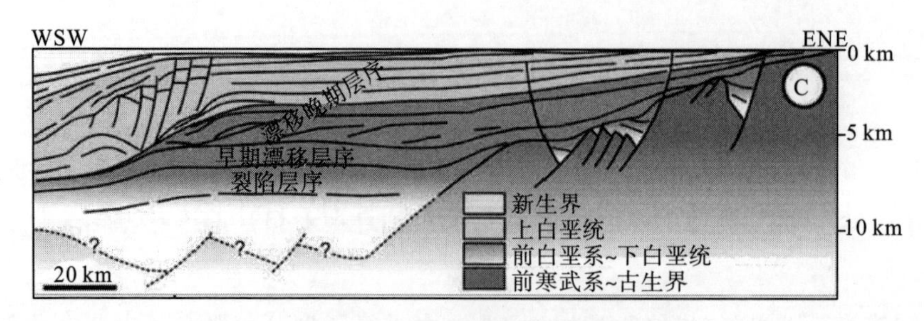

图 4-1　西南非洲大陆边缘裂谷期及裂后层序[105]

(Syn-rift sequences 裂陷层序；lower drift sequences 早期漂移层序；drift sequences 漂移晚期层序)

各个构造层序分别与不同的盆地演化阶段相对应，具有不同的动力学机制和构造、古地貌特征，这直接影响了沉积充填特征的差异。而在这四个层序之间的界面就是盆地演化阶段中的重大构造转换面。其中，裂陷前层序与裂陷层序的分界面为裂开不整合(rifting unconformity[102])；裂陷层序与过渡－早期漂移层序的分界为分离不整合(break-up unconformity[103])；过渡－漂移早期与漂移晚期层序之间的分界为“陆坡转换不整合”[104]，主要为陆坡大规模前积的底界。

4.1.2　南海西北部陆坡区主要层序界面及构造层序划分

对于构造层的划分，关键在于构造转换界面的识别，而构造转换面往往对应于大型的构造运动。因此，本书从两方面入手，一方面对大区域地震资料进行解释，先把所有区域的不整合面都识别出来，再在其中筛选出重要的不整合面；另一方面调研区域资料，了解本区主要构造运动的运动学、动力学特征。通过二者相互印证确定构造转换面，进一步划分构造层序。

对于本区的构造运动，广州海洋地质调查局认为本区影响较大的新生代构造活动主要有 3 期，由老到新依次为神狐运动(K_2-E_1)、西卫运动(E_2^2-E_2^3)和万安运动(N_1^2-N_1^3)[55]。此外，也有资料显示古近纪共发生过三幕裂陷[63]，第一幕对应神狐运动；第二幕对应西卫运动，但具体时间有所出入，主要不整合为崖城组与陵水组的分界；第三幕主要发生在西部的莺琼地区[63]。但本书研究发现，裂陷三幕除了莺琼地区外，在北部陆缘西段(图 3-1，A 段)，包括西沙、广乐隆起、中建盆地、中沙海槽等地也均有明显发育。

南海北部边缘西段和中、东段(图 3-1，A、B、C 段)的断拗转换时间并不一致。珠江口盆地在第二幕裂陷就进入了断拗转换期，而西段则到第三幕裂陷才结束裂陷阶段进入缓慢拗陷阶段。此后，南海北部陆缘在 10.5Ma 以后发生强烈拗陷。

由于研究中涉及的区域较大(包括多个盆地)，其盆地结构、构造特征、资料品质等都不尽相同，所以进行区域对比解释的难度较大。本书经研究发现，在南海西北部陆坡区识别出始新统岭头组底界(T_g)、下渐新统崖城组底界(T_8^0)、上渐新统陵水组底界(T_7^0)、下中新统三亚组底界(T_6^0)、中中新统梅山组底界(T_5^0)、上中新统黄流组底界(T_4^0)、上新统莺歌海组底界(T_3^0)和第四系乐东组底界(T_2^0)等区域不整合面。经分析，确定南海北部陆缘盆地西段的 T_g、T_6^0、T_5^0 和 T_4^0 四个不整合面具有重大的构造转换面以及沉积转换面的意义：T_g 为裂开不整合；T_6^0 为分离不整合；T_5^0 即为了西南海盆结束漂移这一构造事件相对应的区域不整合面；T_4^0 则代表了陆坡转换不整合(图 4-2)。

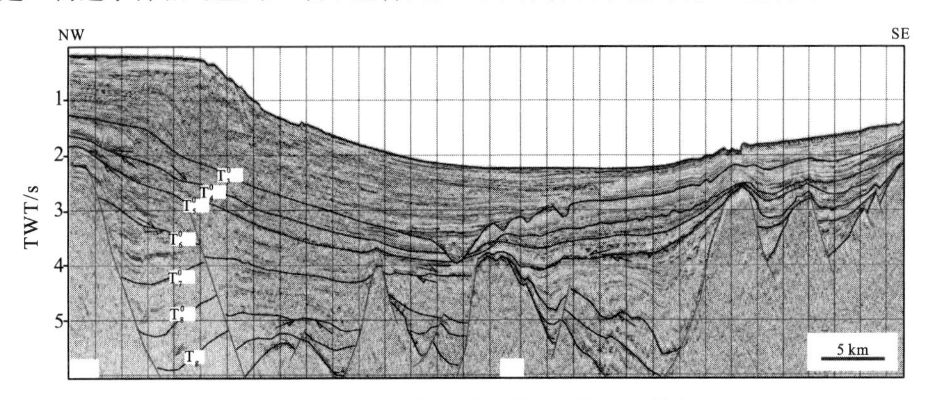

图 4-2　南海西北部陆坡区主要不整合面特征

1. 主要不整合特征

1)裂开不整合面 T_g

T_g 标志着裂陷的起始，与被动陆缘盆地中的裂开不整合面完全相当。界面之下为前古近系变质或沉积基底，之上为新生界。

识别 T_g 的关键在于界面上下的差异性。对于西北部陆坡区来说，其基底主要为花岗岩或花岗片麻岩，部分地区还存在中生界。这些基底岩层与上覆的沉积层之间往往会形成较为明显的界面。该界面在不同部位表现不同：在凸起顶部，由于遭受剥蚀，基岩往往为花岗片麻岩等结晶岩或深变质岩，表现为无反射，或高倾角干扰波，与上覆沉积盖层有显著差别；凹陷区地层保存相对较全，除结晶基底外，界面之下还可出现前新生代沉积岩或火山岩，其地震反射特征比较复杂，沉积岩通常表现为高角度成层反射，火山岩则一般表现为杂乱反射。

2)分离不整合面 T_6^0

该界面为裂陷层序与裂后层序的分界，标志着海盆初始扩张，洋壳形成的起始。地震剖面中多表现为明显下削上超特征的重大区域不整合面。其下为陵水组一段，以弱振幅、中连续地震反射为特征；其上为三亚组二段，以强振幅、高连续性地震反射为特征。

3)不整合面 T_5^0——漂移的结束

T_5^0 界面是一个大的超削不整合面，但削蚀幅度较低，分布广泛。界面之下为席状弱振幅的三亚组浅海泥岩沉积；界面之上，梅山组下部为弱振幅的浅海泥岩，梅山组上部则在高部位广泛出现以丘状反射为特征的生物礁沉积。由于这些岩性差异，界面表现也不同。若上下均为海相泥岩，界面表现为弱振幅反射；若上覆为梅山组生物礁，下伏为海相泥岩，则界面表现为强振幅高连续性的反射波组。该界面主要角度不整合现象分布在琼东南盆地的南北两侧的凸起和斜坡区、中建盆地，在中建盆地尤为显著。

T_5^0 界面代表了西南海盆扩张停止这一构造事件。在该构造事件影响下，各构造带应力回返，主要表现为拉张后的松弛回弹。因此，其不整合特点为分布范围广大，但剥蚀幅度并不高，主要表现为低角度不整合。

4)陆坡转换不整合面 T_4^0

在琼东南盆地北部，T_4^0界面上下地层叠置样式有显著差异。T_4^0之下以垂向加积为主，主要为平行反射，沉积速率较低。该界面之上则主要以进积为主，表现为前积反射，地层沉积速率高(图 4-2)。而在南部永乐—广乐隆起，T_4^0界面上下叠置样式差别不大，主要差异在于地震相。界面之下为梅山组浅海沉积，具有中高振幅、波状中连续特征，而界面之上则以高频高连续的海相披覆沉积为主。

此外，T_4^0界面之上具有十分显著的超覆特征，以琼东南盆地中央坳陷为中心，向北部坳陷和南部坳陷两侧超覆，并且在盆地边缘界面之下有局部削蚀。

T_4^0为明显的陆坡转换不整合，代表了随着盆地沉降，陆架坡折向北迁移，研究区由宽陆架、窄陡陆坡向窄陆架、宽陆坡的转化。此前，研究区以大区域浅海沉积为主，构造活动微弱，盆地整体均匀沉降。此后，陆坡区下沉，以半深海为主，在北部斜坡发育大规模进积楔。

2. 南海西北部陆坡区构造层序划分

1)南海西北部陆坡构造层序的划分

本书根据以上跨盆地分布的大型区域不整合划分南海西北部陆坡的构造层序。在此过程中发现，与经典的被动大陆边缘相比，南海亦有其特殊性。

与大西洋两岸的被动大陆边缘盆地比较，南海北部边缘的裂开不整合和分离不整合的特征及意义和典型被动陆缘盆地基本一致，因此可将 T_g 以下地层划为裂陷前层序，T_g 与 T_6^0之间划为裂陷层序，这一部分少有疑问。

对于过渡–漂移早期层序，在大西洋两岸的典型被动陆缘盆地中，该层序主要是指大陆岩石圈破裂、海底扩张开始时期的沉积，往往包含了海陆过渡层序和漂移早期层序。但是南海在裂陷期就处于海相环境，因此不存在海陆过渡阶段；南海西部西南海盆自23Ma 开始扩张之后，到 15.5Ma 便停止了扩张，中间过程不足 10Ma，并没有发展到开阔洋盆阶段。因此，理论上并不存在漂移后期层序。但是南海在 10.5Ma 之后经历了大幅度沉降阶段，导致了陆坡的倾斜以及北部陆缘大型进积楔状体的形成，其层序特征与经典被动大陆边缘漂移层序十分相似。并且，这一过程又与经典被动陆缘开阔洋阶段，陆坡区由于拉张以及岩浆冷却造成大幅度沉降所导致的陆坡倾斜，陆缘碎屑进积形成大型前积体，陆架坡折迁移到靠岸部位的过程十分一致。因此，南海西北部 10.5Ma 之后的沉积可以与经典被动陆缘的漂移晚期层序相对应。

此外，南海在 15.5Ma 便停止了扩张，到 10.5Ma 开始发育进积陆坡，在此之间的阶段性质如何界定，问题的关键还在于漂移期末不整合面(T_5^0)的重要性。南海西北部陆坡区 T_5^0不整合面上下地质特征的差异并不大，而 T_4^0不整合面上下却拥有巨大差异。T_5^0上下构造、地层特征十分相似，在其中做重大界面划分的必要性仍有待商榷。而本书认为用陆坡转换不整合面划分构造层序意义更大。查阅国际被动大陆边缘盆地的实例，类似的情况也有，譬如墨西哥湾盆地漂移期末不整合面发育在侏罗系与白垩系之间，而陆坡转换不整合面则发育在上白垩统与新生界之间。对比两个不整合面，陆坡转换不整合面上下的地质特征的差异要比漂移期末不整合面上下的差异更为明显，因此，选择陆坡转换不整合作为缓慢坳陷阶段的沉积及其上覆构造层序的分界是较为合理的选择。综合以上因素，本书在构造层序划分当中，暂时不按 $T_5{}^0$ 进行构造层序的划分，而只采用 $T_4{}^0$——陆坡转换不整合面来进行构造层序划分。对于 $T_6{}^0$～$T_4{}^0$ 之间的层序，以该阶段总体缓慢沉降的特征将其命名为缓慢坳陷层序；对于其上覆的以陆坡进积体为特征的构造层序，继续以晚期漂移层序命名显然不妥，暂时以其构造运动特征称其为快速坳陷层序。

由此，以 T_g、$T_6{}^0$、$T_4{}^0$ 为界，将南海西北部陆坡区的地层划分为四个构造层序：裂陷前构造层序、裂陷构造层序、缓慢坳陷构造层序、快速坳陷构造层序。各个沉积阶段特征基本可以与大西洋两岸的被动陆缘盆地相对比。

2)南海西北部陆坡构造层序特征

(1)裂陷前层序。

裂陷前层序位于裂开不整合面(T_g)之下。该界面是南海从主动陆缘转变为被动陆缘的界线。晚白垩世，太平洋板块对华南陆缘的俯冲停止，亚洲东部大陆边缘构造应力场发生重大转变，长期持续的NW-SE向区域挤压应力场发生松弛，转化为NW-SE向拉张，拉开了陆缘扩张的序幕。在这一过程中，早期的古生代—中生代沉积的地层抬升遭受剥蚀，许多地区基底变质岩、花岗岩直接剥蚀暴露，但也有部分中生界得以保存。南海曾发育有较厚的中生代地层[106]，这些中生代沉积作为残留盆地主要保存在南海东北部和南沙地块东部。而本书研究表明，在中建盆地也发现了巨厚的、疑似中生界的地层。它们分布在不整合面 T_g 之下，地震反射成层性好，其地层厚度在凸起区及凹陷区基本一致，长期海相沉积环境致使其沉积厚度均一稳定，故推测其为裂陷前中生界。

(2)裂陷层序。

自晚白垩世开始，南海北部陆缘进入明显张裂期，到23Ma南海西北部共经历了三幕裂陷，分别是神狐运动(约65～54Ma)、始新世(约49～36Ma)、早渐新世(36～30Ma)，发育了从陆到海的断陷沉积。

在早渐新世末，南海进入扩张期，北部陆缘中段和东段包括珠江口盆地、台西盆地和台西南盆地则基本进入了漂移期。该期构造运动被称之为“南海运动”[102]。该事件对西段内影响形成了区域角度不整合面 $T_7{}^0$，代表了一次裂陷幕的结束。渐新世末期在南海地区发生了一次影响广泛的构造运动，形成大范围的区域削蚀不整合面，即分离不整合面 $T_6{}^0$。此后，西段进入缓慢坳陷阶段。

(3)缓慢坳陷层序。

该层序位于分离不整合面与陆坡转换不整合面之间，时期为早、中中新世(23～10.5Ma)。其中包括了西南次盆扩张及其扩张后约5Ma的时期。其沉积阶段的构造特征为缓慢坳陷。

早期三亚组具有填平补齐的特点，以局限浅海、滨岸和三角洲为主，在南部永乐—广乐隆起的部分地区已经开始发育大面积的碳酸盐岩台地。15.5Ma左右，西南海盆扩张结束，形成区域不整合面 $T_5{}^0$，即漂移期结束的产物。在漂移期结束之后继续缓慢沉降，直到10.5Ma左右才开始大幅度沉降。

该阶段总体上沉积速率低，地层厚度薄。三亚组早期沉积具有填平补齐的特点，为早期较粗的陆源碎屑充填型沉积；晚期则地层厚度横向比较稳定，为较细的开阔浅海沉积。梅山组沉积期南海扩张结束，该时期构造平静，为广阔陆架下的开阔浅海沉积。

(4)快速拗陷层序。

快速拗陷层序底界为陆坡转换不整合面，顶界为现今海底。

在典型被动陆缘盆地的简单陆坡，该构造层序一般可划分为水进半旋回和水退半旋回两个层序组。前者代表了从陆架浅海向深海转化变深的沉积序列，后者则表现为向上变浅的进积陆坡。南海西段与中、东段在该层序沉积期均发生了大规模的拗陷沉降，其动力机制目前尚无定论。

该时期主要为半深海环境，北部坳陷区北坡发育大规模的陆缘碎屑向海进积。这种进积体的发育受到构造沉降与物源供应的联合控制，具体过程将在后面详述。在南部隆起区随着盆地进一步沉降，将原先的巨大碳酸盐岩台地逐步淹没，只有局部高地或火山之上发育碳酸盐岩的追补、淹没，迄今仅剩少数灰沙岛以及环礁分布，其基底多为火山或剥蚀的古隆起。

3. 层序地层划分方案及与全球海平面升降旋回的对比

以 T_g、$T_6{}^0$和 $T_4{}^0$三个不整合为界，将研究区的新生界划分为三个构造层序(表 4-1、图 4-3，TA、TB、TC)。在其内部又可识别出 $T_8{}^0$、$T_7{}^0$、$T_5{}^0$、$T_3{}^0$以及 $T_2{}^0$等区域不整合面。以这些界面为界共可划分出 8 个层序组，它们大致与组相当。这些层序组可依据次级的上超不整合面进一步划分出 17 个三级层序，它们大体上与段相当。

对于具体的层序组及三级层序本书暂不讨论，只对其演化序列进行初步探讨。

本区海平面变化趋势与全球海平面变化既有相同之处又存在显著区别。本区相对海平面升降趋势总体表现为一个海平面升高的过程，在渐新世早期二者趋势基本一致，晚渐新世到中中新世，全球海平面变化表现为初始有大幅度上升，随后逐步降低。本区趋势也是如此，但缺乏初始大幅度上升的过程。中中新世全球海平面逐步上升，而本区相反。这可能是由于强烈拗陷阶段构造活动导致的大幅沉降，致使全球海平面升降的影响不显著，表现为较强的地区性特点。部分三级层序与全球海平面升降频率及变化趋势有较好的可比性，特别是陵水中期、梅山中期和莺歌海早期三次大的海泛与全球变化完全一致(图 4-3)。

4.2　南海西北部陆坡地质结构

4.2.1　南海西北部陆坡地质结构

被动大陆边缘的地质结构主要表现为垂向上的分层性及平面上的分段、分带性。

表4-1　南海西北部陆坡区层序地层划分表

系	统	组	段	层序单元			层序界面特征				沉积环境	盆地演化
				构造层序	层序组	层序	层序界面	地震界面	年龄 Ma	界面类型		
第四系	更-全新统	乐东组		TC	TC3	未细分	SB17	T_2^0	1.9	区域不整合	西北部为陆坡重力流沉积，东南主要为碳酸岩台地，并从孤立台地向淹没台地转化	快速坳陷盆地：早期明显红河断裂作用强，沿西部陆坡发育红河扇，中后期北部陆坡占主导地位，陆坡隆起和陆坡坳陷分异显著，地形高差增大
新近系	上新统	莺歌海组	一段		TC2	SQ16	SB16	T_2^7		超覆不整合		
			二段			SQ15	SB15	T_3^0	5.5	区域不整合		
	中新统	黄流组	一段		TC1	SQ14	SB14	T_3^2		超覆不整合		
			二段			SQ13	SB13	T_4^0	10.5	区际不整合		
		梅山组	一段	TB	TB2	SQ12	SB12	T_4^1		超覆不整合	陆架浅海广布，东南从缓坡台地向孤立台地转化	缓慢坳陷盆地：早期填平补齐，厚度横向变化大，晚期区域均匀沉降。形成广阔陆架及缓坡台地
			二段			SQ11	SB11	T_5^0	15.5	区域不整合		
		三亚组	一段		TB1	SQ10	SB10	T_5^2		超覆不整合		
			二段			SQ9	SB9	T_6^0	23	区际不整合		
古近系	渐新统	陵水组	一段	TA	TA3	SQ8	SB8	T_6^1		超覆不整合	扇三角洲、辫状河三角洲及局限浅海	断陷盆地：分为初始断陷、强烈断陷和断坳过渡三个阶段，早期分隔性强，地形高差大，到陵水期地形高差逐渐减小，各凹陷多为连通
			二段			SQ7	SB7	T_6^2		超覆不整合		
			三段			SQ6	SB6	T_7^0	30	区域不整合		
		崖城组	一段		TA2	SQ5	SB5	T_7^1		超覆不整合	扇三角洲，水下扇，半深湖，局限浅海	
			二段			SQ4	SB4	T_7^2		超覆不整合		
			三段			SQ3	SB3	T_8^0	36	区域不整合		
	始新统	岭头组	一段		TA1	SQ2	SB2	T_8^1		超覆不整合	冲积平原到水下扇，半深湖	
			二段			SQ1	SB1	T_8	45	区际不整合		

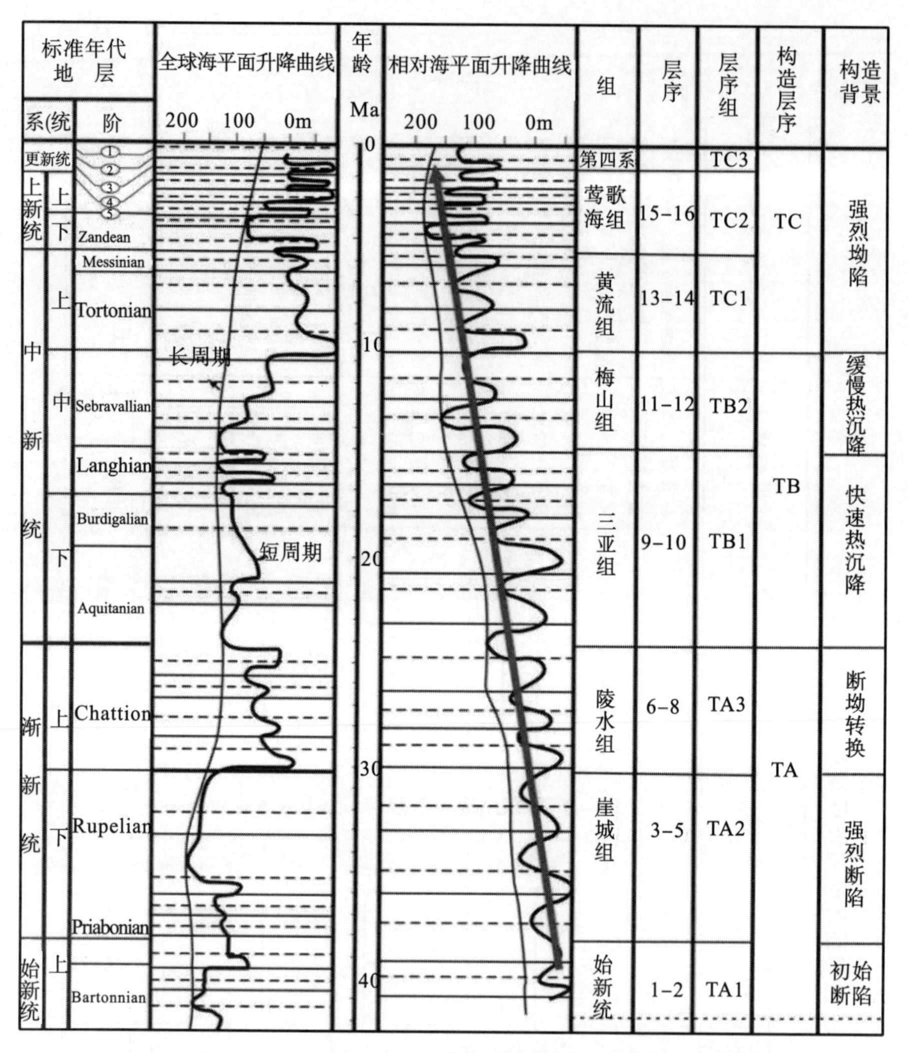

图 4-3　南海西北部陆坡区新生代层序划分及相对海平面变化曲线

（相对海平面变化曲线据魏魁生等[107]）

垂向上的分层性前已述及，即被动陆缘自下而上由多个构造层叠置而成，这些构造层反映了充填序列一定的规律性，不同的构造层具有不同的构造、古地貌、沉积特征，但在总体演化中又遵从一定的盆地演化规律。根据前边的讨论可知，南海西北部大陆边缘由 T_g、T_6^0和 T_4^0分为裂陷前层序、裂陷层序、缓慢拗陷层序、快速拗陷层序。这种规律可以与南海北部陆缘的中、东段相对比，与世界其他被动陆缘也具有可对比性。

对于被动大陆边缘来说，同一边缘不同地区的发育时间、构造沉积特征并不一致，而是往往会分为不同的几段。例如，同样是大西洋东岸的非洲西海岸大陆边缘，纳米比亚段发育时间在 133.6～119.9Ma，而中部几内亚一段发育时间在 109.9～109.5Ma，北部毛里塔尼亚一段发育时间在 171.4～167.2Ma[108]。这种分段性与大陆裂开的历史紧密相关，各段之间往往以大型转换断层分隔。南海北部边缘也存在这种分段性，鉴于本书第三章已对此进行过讨论，在此不再赘述。

本节需要重点讨论的是纵向分带性。经典的被动大陆边缘从陆架、陆坡（又分作上陆坡、中陆坡和下陆坡)、陆裾、深海平原直到洋中脊是一个典型序列。每个单元又具有其典型的构造、沉积特征。这种分带性是进行分区研究的重要依据，各带内油气成藏条件各不相同，这种分带性对于指导油气勘探评价具有重要意义。但本书在研究南海西北部陆缘时遇到了困难：一是与经典被动陆缘长达 80～100km 的陆坡相比，南海西北部陆坡长达 600km 以上，包括多个隆起和多个坳陷，显然，简单的上陆坡、中陆坡和下陆坡无法将其表述清楚；二是地质历史上，盆地演化各个阶段构造、沉积差异巨大，简单用陆架−陆坡−深海平原来分带不能满足地质分析及油气勘探的需要。因此，对南海西北部来说，其分带性需要做进一步工作：首先，要根据南海西北部地质格局的实际情况细化分带；其次，还需针对各个构造层差异巨大的实际情况，分构造层进行区划。

谢文彦[104]认识到南海西北部陆坡的分带性研究的重要性，并根据分离不整合面的形态对缓慢拗陷层序进行了分带，提出了近岸隆起、陆架拗陷、陆架外缘隆起、陆架外缘斜坡、陆坡坳陷、隆内斜坡、陆坡隆起、隆外斜坡以及隆外坳陷等概念，并以缓慢拗陷层序的分带来总体代表现今陆坡区的分带。

本书的研究中继承了这种思路，但认为其分带仍需作进一步调整。对于裂陷层序构造区划，与常规的断陷盆地构造划分一致，采用沉积厚度划分盆地、坳陷等单元。对于缓慢拗陷层序来说，当时大部分区域为浅海陆架，也是沉积物堆积的主要场所，其沉积厚度具有重要的地质意义。因此，建议依据沉积物堆积厚度，并参考分离不整合面的形态进行区带划分。从实际工作的情况看，以此划分既反映了现今陆坡的总体特征，同时也体现了当时沉积环境的特征，较之仅按照某个重要不整合面的形态划分明显更具科学性。快速拗陷层序虽然前后变化较大，但总体地貌形态与现今的海底地貌继承性较强，因此建议采用现今的地貌分区进行分带。

此外，本书对谢文彦的分带[104]亦做了适当调整，将隆外坳陷带归并入隆外斜坡带，从而将其六带划分改为五个带。他划分隆外坳陷带的根本原因可能是考虑到类似中沙海槽的存在，但本书认为中沙地块只是隆外斜坡上的一个刚性块体，包括中沙海槽在内都是隆外斜坡的一部分(图 3-2，A2)。另外，近岸隆起、陆架坳陷、陆架外缘隆起等区带与本书关系不大，且不好界定，因此对此本书暂不做讨论。

由此，南海西北部从陆架边缘到深海平原，依次可划分为陆架外缘斜坡、陆坡坳陷、隆内斜坡、陆坡隆起、隆外斜坡等单元(图 4-4)。其划分标准如下：

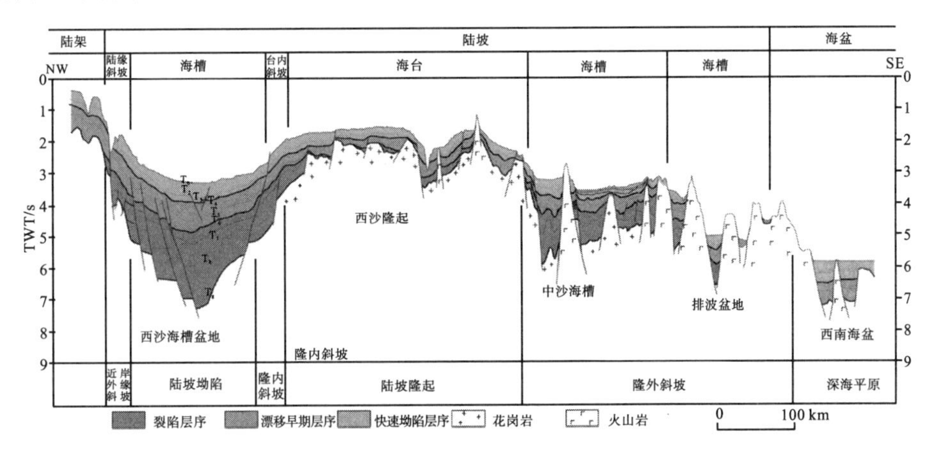

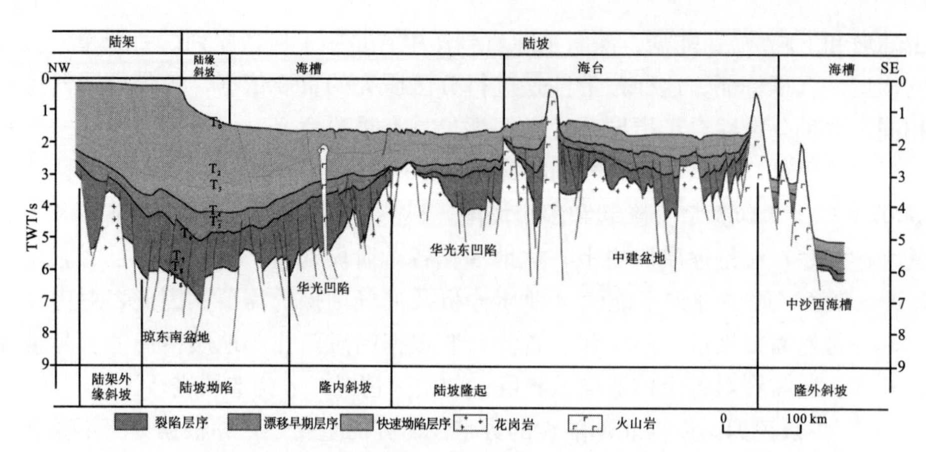

图 4-4　南海西北部陆缘盆地裂后拗陷层序构造分区和地貌分区示意图

（剖面位置见图 2-1，上图为 P1，下图为 P2）

陆架外缘斜坡：为陆架外缘隆起向陆坡坳陷过渡的斜坡带，其分离不整合面较陡，缓慢拗陷层序厚度自北向南增大。

陆坡坳陷：发育在陆坡上的深坳陷，是裂后拗陷期的沉积中心。因此，其沉积厚度较大，并向陆架外缘斜坡和隆内斜坡减薄。对于快速漂移层序来说，其陆架坡折发育于陆架外缘斜坡和陆坡坳陷之间。

陆坡隆起：在陆坡坳陷和海底平原之间常发育有一个或多个隆起，称为陆坡隆起。其突出特征为缓慢拗陷层序厚度薄，分离不整合近水平。陆坡隆起可以是继承性的基底隆起，也可以是裂陷后期崛起的地形高。

隆内斜坡和隆外斜坡：陆坡隆起向陆地方向，与陆坡坳陷之间过渡的斜坡称为隆内斜坡，陆坡隆起向深海平原方向，与深海平原之间过渡的斜坡称为隆外斜坡。这种斜坡上也可发育坳陷，如南海西北部陆坡上的中沙海槽。隆外斜坡之外即为深海盆地。

4.2.2　陆坡隆起带与坳陷带的普遍性及成因机制

调研发现，这种陆坡地形隆坳相间的分带性具有普遍性。在大西洋两岸的典型被动大陆陆缘也是隆起带与坳陷带相间分布，例如在巴西的坎坡斯盆地、墨西哥湾盆地、挪威莫林盆地等等。图 4-5 展示了它们从陆架到深海的大剖面，从图中可知，各盆地向海方向均可划分出(建议仍以早期漂移层序厚度划分)陆坡坳陷带和陆坡隆起带，区别仅在于二者的位置以及地层构成。那么这种普遍性的控制因素是什么呢?

要研究其中的控制因素，首先须考察盆地沉降的动力学机制。

大陆边缘岩石圈在演化的过程中受到以下几方面的作用[109-112]：地壳减薄和沉积负载引起的负浮力、地幔温度和地热梯度升高以及岩浆底侵产生的正浮力作用、岩石圈弹性挠曲均衡作用。Bott[16]总结了被动大陆边缘盆地沉降的机制，主要包括沉积物重力负荷、板块减薄、裂后热沉降以及断裂形成的裂谷带四种机制。

根据海底扩张学理论，大洋中脊是地幔物质热对流上升的地区，向两侧后移为老的洋壳，离中脊越远，洋壳越老，热流值越低，热冷却引起洋壳下沉的幅度越大[17]。

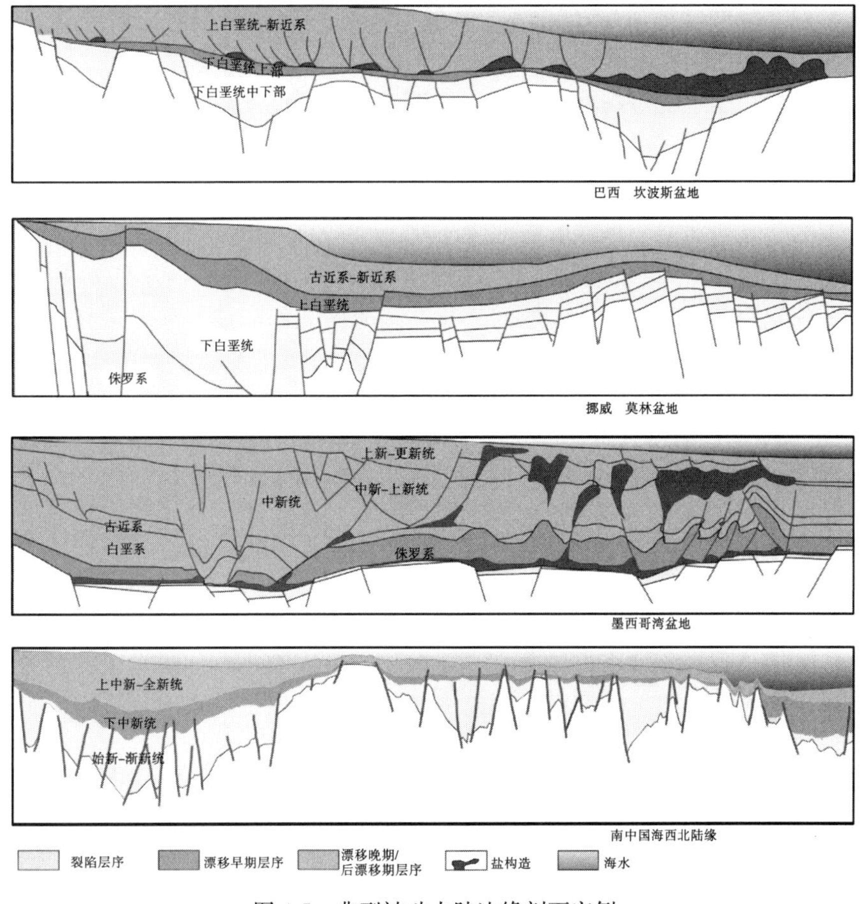

图 4-5　典型被动大陆边缘剖面实例

综合各类沉降机制可知，大陆裂谷和被动大陆边缘盆地的下沉不是单一因素造成的，而是由许多因素产生的[17]：①开始为热成因，由于较深的软流圈上涌(主动)或区域伸展引起软流圈上涌(被动)；②进一步伸展作用，在上部脆性层产生犁式正断层，在下部沿着韧性层滑脱；③基性物质侵入，使得地壳密度增大，加剧了盆地下沉；④沉积物负荷加强了这种沉降；⑤如果是大陆内裂谷、内坳陷，其下沉与热冷却、榴辉石岩化等因素有关；如果是被动大陆边缘，其下沉与海底扩张、热沉降、大陆中下地壳向大陆边缘的蠕散作用有关。

因此，尽管各地实际情况不同，在被动陆缘发生发展过程中都会发生盆地沉降，区别在于发生沉降的具体机制不尽相同，沉降的位置也不同。理论上，随着海底扩张，边缘带大洋一侧的岩石圈会随之冷却沉降，同时，大陆一侧的板块也发生沉降，其典型代表就是美国东海岸。这种沉降产生的可容空间被随后输入的陆缘碎屑或碳酸盐岩充填，形成巨大的陆缘增生棱柱体，这种沉积物的负载可进一步导致盆地沉降。在洋陆交界处(即陆坡区)最容易发生沉降，这种沉降必然导致新的坳陷与斜坡的产生，坳陷带多在洋陆交界处，外缘隆起往往是倾斜的洋壳。但实际上，由于基底性质、次级地幔热流等因素影响，常在靠陆一侧的斜坡上就发育有一个或多个坳陷带和隆起带。以坎波斯盆地为例，在陆壳上发育有两个坳陷带和一个隆起带，靠海一侧也发育有一个隆起带。

就南海西北部而言，其基底固结程度低、陆壳不均匀减薄、活跃的次级地幔隆起区[7]都控制了坳陷与隆起的形成分布。

南海基底为众多地块拼贴而成，固化程度较低，刚性差，因此基底构造和海底地貌都比较复杂，火山岩发育。从晚白垩世以来该区经过了多旋回的盆地演化，每个盆地演化旋回都具有不同的动力学机制，因此其基底构造和海底地貌都十分复杂。

有研究表明，南海西北部陆坡的地壳不均一性较强，西沙－中沙地块是长期发育的刚性地质单元[96]，琼东南盆地基底由不同块体多期拼合而成，并且则处于地幔隆起带[7]。这些情况直接导致了地壳厚度的变化，南海西北部陆坡地壳厚度在整体拉薄的趋势下还有反复。在南海莫霍面深度图[7]中，海南岛南部陆架区地壳厚度 26km，琼东南盆地仅 18km，西沙海槽为 14～16km，在西沙隆起与广乐隆起之间地壳较薄，为 22～24km，广乐隆起地壳厚度在 24km 以上，盆西海岭 14～16km，中沙北海岭 14～18km。值得注意的还有中建南盆地，仅 14～16km，其机制有待进一步研究。

南海晚白垩世以来经过了多旋回的盆地演化，晚白垩世发育的一系列北东向裂谷奠定了本区构造的基本格局。对于南海西北部来说，琼东南盆地、中建盆地、中沙海槽等北东向裂陷系与本区早期的拉张关系密切。自晚白垩世开始的早期裂陷，在不同的基底刚性等因素影响下形成了多个拉张中心。这些中心有大有小，如琼东南盆地这一支扩张轴规模较大，甚至有地幔上隆的影响。南海北部陆缘西段琼东南盆地－西沙海槽是一条地幔隆起区[83]。这些裂陷系统在裂陷阶段形成了规模巨大的裂谷系。缓慢拗陷阶段构造幅度小，但研究显示在琼东南盆地中央、西沙海槽等处，该构造层的厚度仍然比其他地区大。本书推测快速拗陷阶段，北部琼东南－西沙海槽盆地的强烈拗陷与该区上隆的地幔活动有关。在这些裂谷系之间的刚性较强的块体，如西沙地块、中沙地块则成为隆起区，这种隆坳格局对此后本区的演化影响巨大。

脆弱的基底、不均匀减薄的陆壳、活跃的次级地幔隆起区[7]等因素造就了南海西北部坳陷与隆起相间分布的格局，也影响了各带的构造运动型式。在裂陷构造层序发育阶段，同样区域拉张应力下，琼东南盆地的裂陷幅度要大于西沙等刚性地块之上的断陷。在缓慢拗陷阶段，琼东南盆地的沉降也大于西沙地块等处，在快速拗陷阶段，更是如此。

这种隆起与坳陷经常为后期沉积，特别是晚期漂移层序掩盖，如在白云低凸起，裂后拗陷层序分隔了白云凹陷和荔湾凹陷，但后期这种分隔逐渐被沉积披覆作用消弭，所以在现今海底并没有明显的隆坳地形。相似的还有巴西桑托斯盆地、墨西哥湾盆地等。

在一些沉积供应不很充足的地区，这种隆起、坳陷与现今地貌具有明显的继承性，如比开斯湾、南海西北部陆坡隆起、布莱克海台和波多黎各海台等。

由于许多陆坡隆起常为后期沉积所掩盖比较难以发现，容易为被人们所忽略，但本书研究发现这种隆起－斜坡带具有极其重要的油气勘探意义，值得进行深入研究。

4.3 构造区划

前已述及，南海西北部各个构造层序差异较大，有必要分构造层进行构造区划，以总结各时期的构造格局。

4.3.1　裂陷层序构造区划

南海西北部断陷期主要发育了琼东南盆地、西沙海槽、中建盆地及中沙海槽地堑系，三者主体构造和断裂系统都为北东走向，盆地间以隆起分隔，这些特征及形成机制在上一节已作讨论，在此不再赘述。

断陷期盆地的分隔性强，因此其结构单元的划分较为细碎。例如琼东南盆地总体为南北分带，东西分块的格局(图 4-6)。自北向南由两条凸起带分隔为三个北东走向的坳陷带：北部坳陷带、中央坳陷带和南部坳陷带。坳陷带内部又被一系列北西向断层分为一系列凹陷，如中央坳陷带自西向东又分为乐东、陵水、松南、宝岛等凹陷。

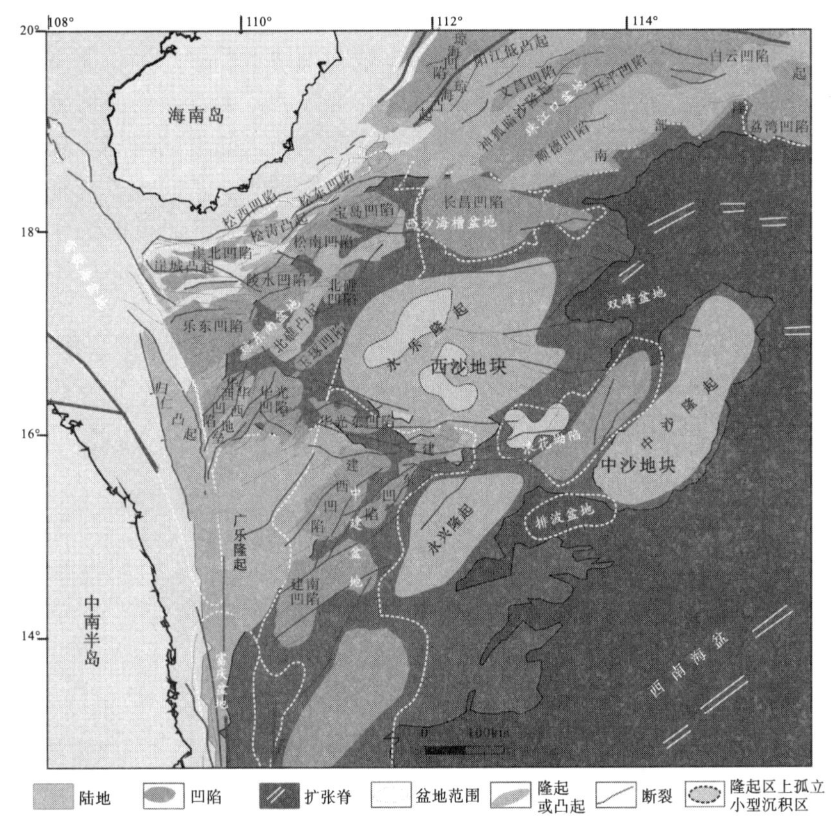

图 4-6　南海西北部陆缘裂陷构造层序构造区划

(据文献［104］修改)

中建盆地处于永乐隆起、广乐隆起、永兴隆起之间，北北东向展布。该盆地大部分主要受北东向构造控制，发育建东、建西、建南等一系列凹陷。北部受北西向断裂控制，发育华光东凹陷等。

中沙－西沙地块表现为明显的隆起特征，中沙海槽在当时只是一条窄窄的地堑，隆起上发育浅的小型次级的断陷体系。

4.3.2　缓慢坳陷层序构造区划

裂陷期应力集中于各个裂陷，而当岩石圈破裂，基性岩浆上涌形成新的洋壳，这时应力转移，集中在洋中脊处。同时，在原来裂陷及隆起处的应力则相应减弱。地壳减薄作用和地幔补偿由于惯性还将持续一段时间，减薄作用主要表现为下地壳的流动[113]，地幔补偿和热浮力则造成地壳快速上浮，部分地区浮出水面，遭受剥蚀。这应是本区形成分离不整合(T_6^0)的原因，同时也是三亚期、梅山期构造活动主要表现为缓慢坳陷的原因。

在这种情况下，本书对南海西北部陆坡区进行了大区域地震剖面对比解释，利用缓慢坳陷层序厚度对该构造层进行构造区划。虽然当时本区主体为一宽广的浅海陆架，但为了以该层序构造区划来代表西北部陆坡区的区划，本书以陆架外缘隆起、陆坡坳陷带、隆内斜坡带、陆坡隆起带、隆外斜坡带来命名。该时期地形平缓，区带宽度较大，因此不似裂陷期细碎。构造规律性较强，隆起、坳陷相间，总体为宽广的浅海陆架，陆架上也是起伏相间，北部坳陷带估计当时为一条自西北次盆伸入陆坡的海槽。隆内斜坡带包括了华光凹陷的南部斜坡以及北礁低凸起、西沙海槽南坡等。其间也多有变化，在华光凹陷南坡向南深入隆起带内部，深度较大，多发育浅海沉积；北礁低凸起水深较浅，多发育碳酸盐岩台地；西沙海槽南坡相对平缓，多发育浅海沉积(图 4-7)。

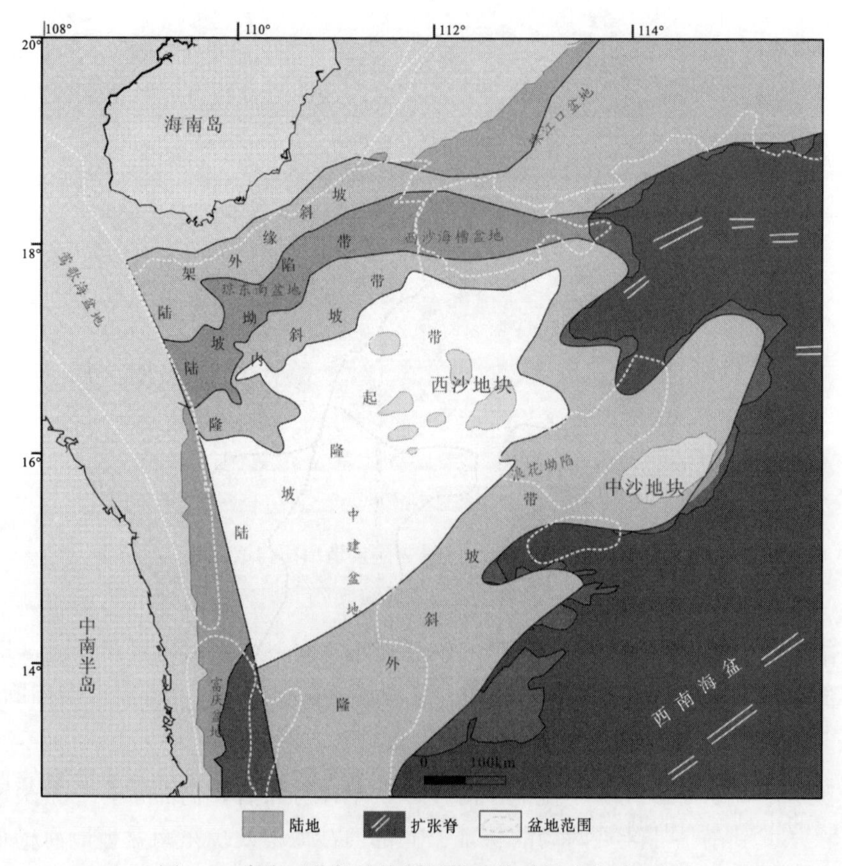

图 4-7　南海西北部陆缘缓慢坳陷构造层序构造区划

4.3.3　快速坳陷层序构造区划

这一阶段的变形具有较好的继承性，因此可以用现今的地貌(图 4-8)来代替当时的构造区划。

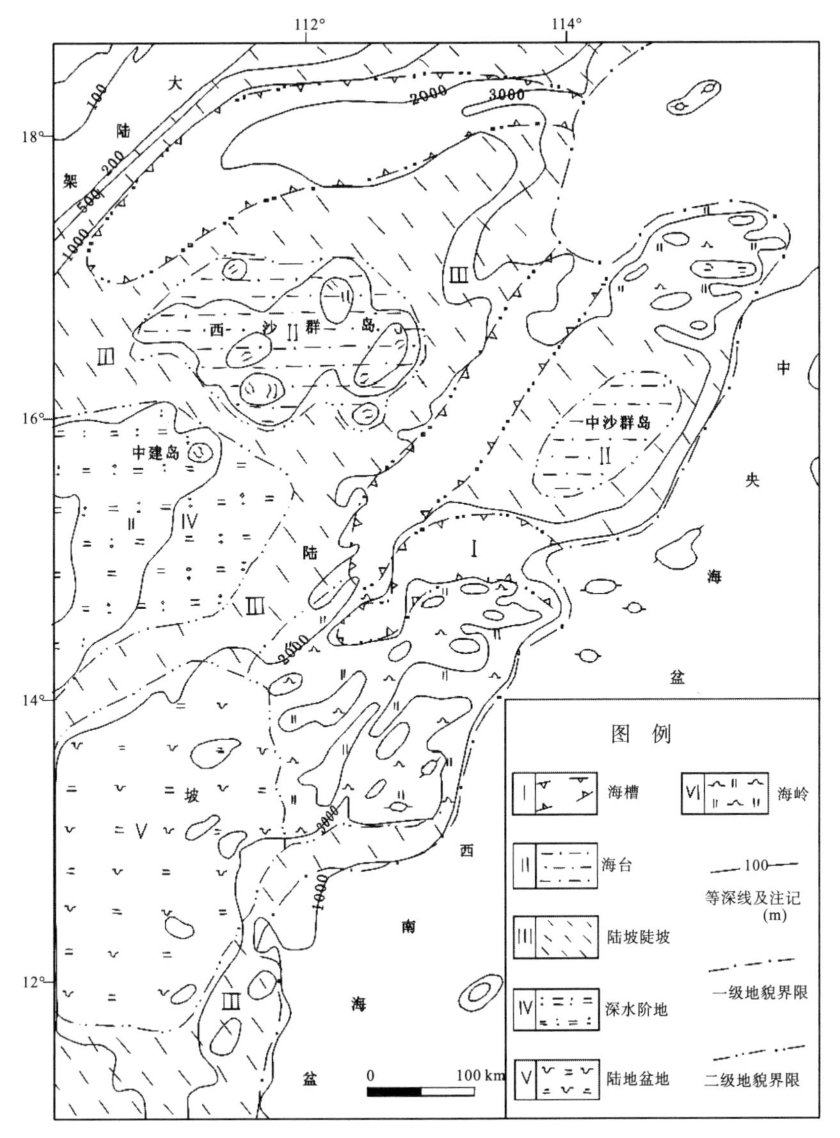

图 4-8　南海西北部陆坡快速拗陷构造层序构造区划

(据文献 [114])

从地貌图上看，本区除了北部平缓的陆架以外，主要包括六种地貌类型：海槽、海台、陆坡陡坡、深水阶地、陆坡盆地、海岭；从整体分布看，仍然带有一定缓慢拗陷阶段的特征，从北到南呈三隆夹两坳的特征。北部西沙海槽及琼东南盆地以海槽形式表现为北部坳陷，南部中沙海槽及中沙西海槽为南部坳陷。二者之间为西沙海台、广乐阶地及其斜坡带，中沙海槽一带以南为中沙群岛阶地及其东侧中沙北海岭、西侧盆西海岭一线构成的隆起带。总体看来，这些隆起与中沙海槽、中沙西海槽相当于缓慢拗陷阶段的隆外斜坡带。

第 5 章　构造特征与演化

本章分析了南海西北部陆坡在断裂、构造样式、沉降历史、岩浆活动等方面的特征。在此基础上探讨了南海西北部陆坡的形成和演化历史，重点强调了陆坡的时空演化及配置关系。

5.1　断裂特征

前已述及，南海西北部陆坡的横向不均一性影响了本区构造演化旋回的各个阶段。断陷期，本区主要受北东向断层控制，部分地区受北西向和近东西向断层控制。这些断层形成的一系列隆起和坳陷呈排成带分布。琼东南盆地被南北两条凸起带分隔为北部坳陷带、中央坳陷带和南部坳陷带。坳陷带内部又进一步划分多个凹陷，自西向东依次为乐东、陵水、松南、宝岛四个凹陷。

5.1.1　平面分布特征

南海西北部陆坡区主要发育北东－北东东、近东西、北西三个走向的断裂，其中北东－北东东向断裂是主要控盆和控凹断裂，是盆地南北分带的主要控制因素(图 5-1)；近东西向断裂主要为次级断裂，多为主要控构造断裂；北西向断裂主要为调节断裂，是盆地沿走向分段的界线。这些断裂在平面分布上具有一定的规律性：

在陆架外缘斜坡带和陆坡坳陷带，控盆断裂主要为北东向，到东部西沙海槽盆地转为近东西向，中间被一系列北西向断裂分隔为多个凹陷。在凹陷内部，发育一系列近东西向的次级断裂。北西向和近东西向断裂右旋截断和错动了北东向断裂，因而北西和近东西向断裂强烈活动时期晚于北东向断裂(图 5-1)。

在隆内斜坡带，西部的华光凹陷北东向断裂数量不多，但多数延伸较长，为凹陷主控断裂，控制了隆坳格局和凹陷的主要沉积区。近东西向的断裂数量较多，单个断裂延伸长度较北东向断裂短，但总延伸长度最大。北西向断裂数量较少，但单个断裂延伸较长。华光凹陷东侧的北西向大断裂绵延近 190km，直达西沙隆起南部边缘。根据重磁特征[117]，判断该断裂为基底深断裂，推测为前新生代老断裂在新生代重新活动干扰了重磁场。凹陷内部的北东向断裂常常被北西向断裂截断或错断，因此认为北西向断裂晚于北东向断裂活动。东部的北礁凹陷控盆断裂为北东向，倾向北西，凹陷内发育近东西向次级断裂。在华光凹陷和北礁凹陷之间，北礁低凸起上发育多排受北东向断裂控制的小断陷。北礁低凸起南部所发育东西向断裂将其与陵水凹陷分隔。

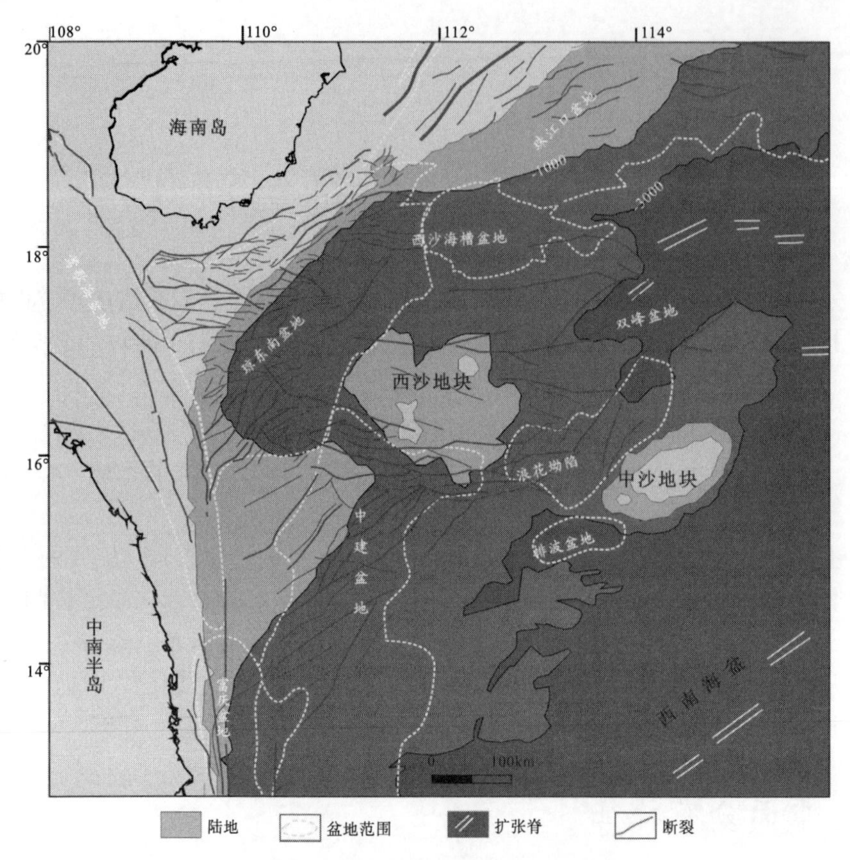

图 5-1　南海西北部陆坡区及邻区断裂

(北部断裂分布据文献［115，116］修改)

陆坡隆起带上断裂分布较为复杂。在西部主要为北东向断裂分布，而在华光东凹陷、建东凹陷北部等靠近西沙隆起的地区，断层走向偏转为北西－近东西方向。二者交接关系既有北西向断层限制了北东向断层的延伸，也有北西向断层错断了北东向断层。前者主要分布在西沙隆起西南边缘，包括前述的华光凹陷东侧北西向大断裂，后者多见于中建盆地。由此推测，前者属于老断裂重新活动，后者则晚于北东向和近东西向断层。在该带东部，西沙隆起上发育一系列断裂，但由于资料较少，初步推测其以北西方向为主。

隆外斜坡带的资料较少，就现有的资料看，断层主要分布在中沙海槽，以北东向断层为主，但也发育近东西向和北西向断裂，尤其是靠近北部斜坡的区域。此外，该区内还发育近东西向的火山带，也表明断裂规模较大。

在琼东南盆地南端和中建南盆地西南部，断裂向西由北东向逐渐转成近南北向，表现出与越东断裂近平行的特征。其接触关系也存在很大差异，在琼东南盆地北部，北西向断裂截切北东向断裂西端，而在琼东南盆地西南部和中建南盆地西侧，边界断裂由北东向转成近南北向，表现出平缓过渡关系(图 5-1)。

除了这些具有突出方向性的断裂外，本区还发育一种层控的，非构造成因的断层——多边形断层系统。从目前的研究看，这种断裂主要分布在隆内斜坡带的东部华光凹陷以及陆坡隆起带上的中建盆地。但由于资料品质所限，对这种断层的分布范围并不明确，有待进一步研究。

5.1.2　断层活动性

本书对研究区的 4 个构造单元，即陆坡坳陷带、隆内斜坡带、陆坡隆起带以及隆外斜坡带，分别以琼东南盆地中部、华光凹陷、中建盆地、浪花坳陷为代表，计算了断裂活动情况。

在裂陷期，各单元均以北东向断层为主(图 5-2，A～D)，断裂活动性逐步减弱，至缓慢拗陷期，其活动性已非常微弱。但是对于浪花坳陷和中建盆地来说，北东向断层的这种递减基本在三亚－梅山期达到谷底，此后在快速拗陷阶段北东向断层的活跃性又重新增强(图 5-2，C，D)。

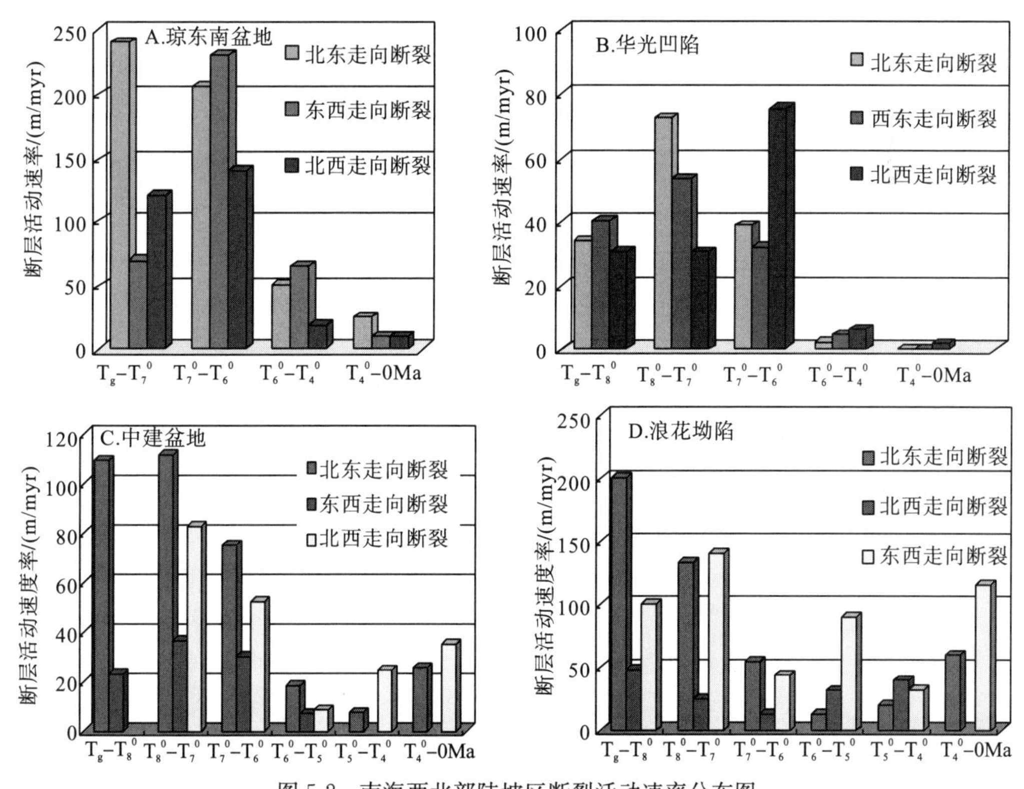

图 5-2　南海西北部陆坡区断裂活动速率分布图

(图 A、B 据文献［118］)

东西向断层发育早，但地位相对次要(图 5-2，A～D)，崖城－陵水期是东西向断层主要活动期，除了浪花坳陷(图 5-2，D)，其他单元的东西向断层的活动性均达到高峰。区别在于，琼东南盆地中部陵水期东西向断层取代北东向断层成为占主导的断层方向，而在其他地区尽管东西向断层活动性达到高峰，但占主导的仍然是北东向断层。对于浪花坳陷来说，东西向断层活动性始终处于次要地位。

北西向断层的发育不具明显规律性。对于琼东南盆地中部和华光凹陷来说，断陷期随着北东向断层的活动性减弱，北西向断层的活动性增强；对于中建盆地来说，在断陷期北西向断层与北东向断层的活动性一同减弱，但始终未占主导；浪花坳陷近东西向断层崖城期活动性增强，占据主导地位；至陵水期，活动性减弱，让位于北东向断层。23Ma之后，浪花坳陷、中建盆地的北西向断层均活跃并占据主导，而琼东南盆地中部和华光凹陷北西向断层活动很弱。

5.1.3 变形期次

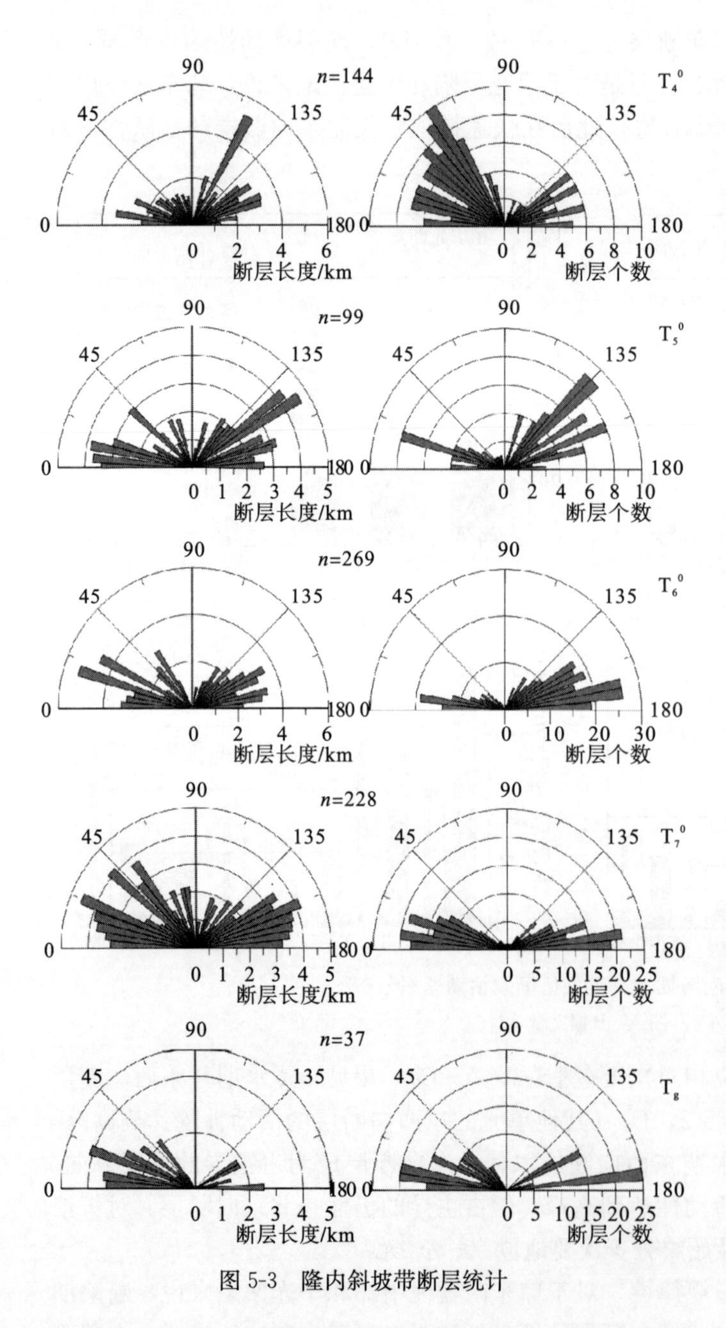

图 5-3　隆内斜坡带断层统计

为了研究本区断裂变形的历史，本书重点分析了各个时期断层的特征，并且选取陆坡隆起带、隆内坳陷带的重点区块进行断层分层统计(图 5-3，5-4)。就总体断层走向看，隆内斜坡带(图 5-3)的断层早期以北东东向为主，陵水期转为以近东西向为主，23Ma之后逐步转为北西西至北西方向。就其主干断层而言，早期以北东东方向为主，陵水期、三亚期断层走向包括东西向、北东东及北西西，到三亚期末则以北西方向为主，到梅山末期断层方向分异不明显，局部以北西方向为主，总体表现为顺时针转动的特征。陆坡隆起带(图5-4)早期断层多为北东方向，陵水期、三亚期东西方向及北东东、北西西向，三亚期具有向北东、北西向转化的趋势，但到梅山末期均恢复到近东西向。从主干断层看，早期除了近东西向以外，主要断层延伸方向为北东方向，此后北东方向始终保持了主导地位，这是与隆内斜坡带最大的不同之处。由此推测造成这种差异的原因有：①隆内斜坡带基底刚性相对较弱，容易受区域应力转变而变化；②选取的研究区域在陆坡隆起带的中建盆地，夹于永乐、广乐、永信三个大型隆起带之间，其断裂受盆地边界影响较大，而对于区域应力的传递要受到周边隆起一定程度上的阻挡。

根据走向和活动特点，南海西北部的断裂体系主要表现出两个阶段演化特征：

(1)始新世—渐新世早期。

在隆内坳陷带及斜坡带，多形成北东向的铲式断层，并呈顺时针旋转，说明该时期区域伸展应力场发生了顺时针旋转。而在陆坡隆起带，这种旋转并不十分明显。从剖面上看，这些断层向下多切入基底，向上延伸到渐新统上部。在早期这些断裂都具有沉积控制作用，随着断陷进一步发展，盆地沉积受控于总体的盆地边界断层(图 5-5，红色断层线)。陆坡隆起带与之类似(图 5-23)，在此不多赘述。

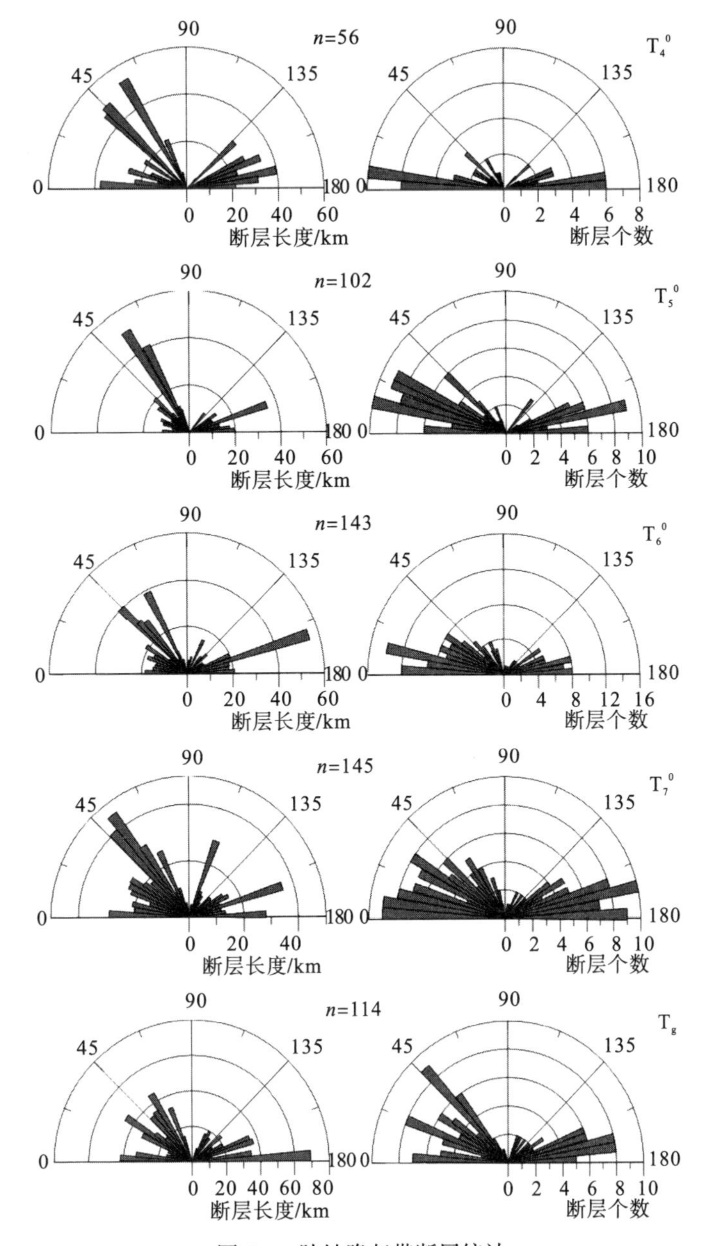

图 5-4　陆坡隆起带断层统计

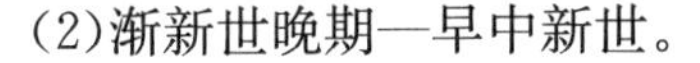

(2)渐新世晚期—早中新世。

隆内斜坡带在中新世断层变形与下部不同，规模相对较小，主要影响陵水组。推测随着应力方向旋转，发育近东西向的断层(图 5-5，蓝色断层线)。这组断裂平面上延伸长度都比较短，垂向断距小，断开层位较少。陆坡隆起带这组断层发育不很明显，多表现为早期断层的继续活动。

5.1.4　南海西北部陆坡的多边形断层系统

多边形断层(polygonal fault)是指平面上走向多方位且相互交叉组成多边形态，主要为在以细粒为主地层中发育的，具有层控特征的伸展断裂系统[119]。多边形断层系统一般位于上超充填层的被动大陆边缘以及倾向于由最细粒沉积组成的地质部位，其典型代表是北海盆地。目前已经在全球200多个盆地中发现，主要发育在被动大陆边缘盆地和克拉通盆地，覆盖面积达$10\times10^9\,km^2$[120]。其典型特征是断裂走向多方位多变，且相互交叉，主要表现为小规模的层内断层[121]。

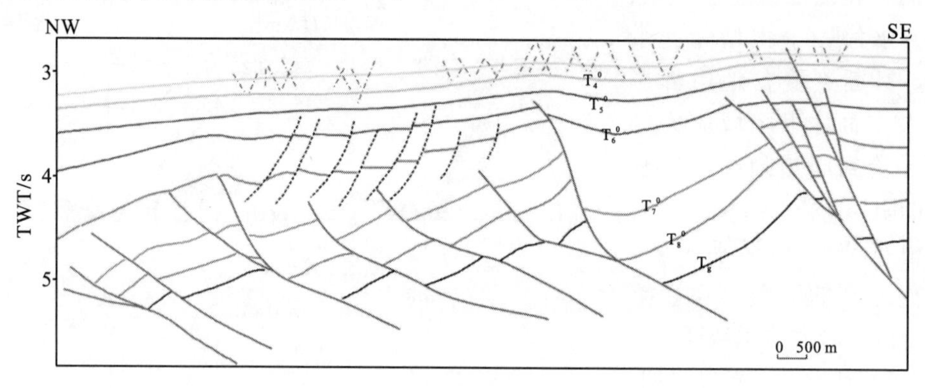

图 5-5　隆内斜坡带西段构造期次

1. 几何特征

多边形断层延伸长度一般为一百米至几千米，垂向断距为几十米至一百米以上[119]；断层生长具有辐射传播的特征；断层倾向无选择性，走向具有随机性；断层多为平直断层，倾角变化范围为25°～65°，但在变形层底部存在流动层时，也会出现铲式断层[122]；断层垂向最大位移位发生在断面中部，向断层端点方向减小，跨越两个层的断层往往有两个最大位移点，分别位于层的中部[122]。

南海西北部陆坡隆内坳陷带的浅层大面积发育了一种密集排列的小断裂，其突出特点是表现为板式小断裂，断距小，分布层位集中在黄流组内部以及莺歌海组下部(图5-6，5-7)。这种断层常常切割了上覆滑塌层，说明其为后期作用的结果。这种断层在平面上密度大、规模小，且平面上呈龟裂状或放射状(图5-8)，推测该构造期断裂表现与区域应力场关系不大，应属于多边形断层。

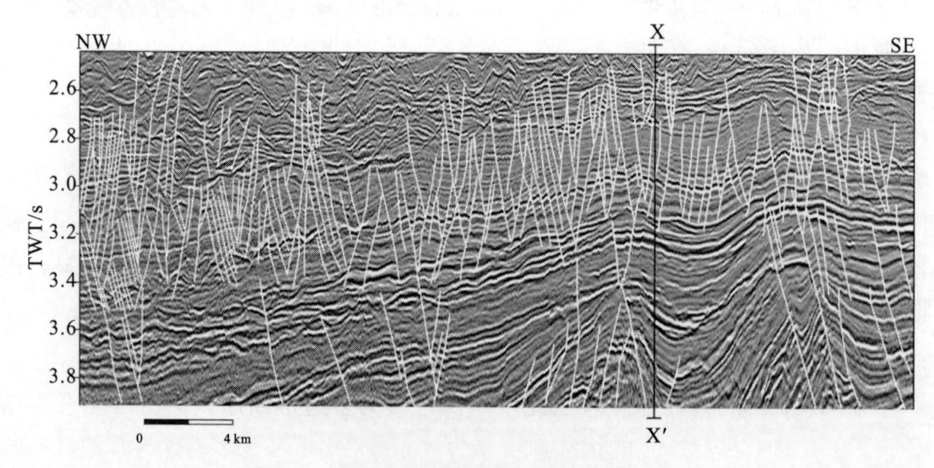

图 5-6　隆内斜坡带多边形断层剖面特征(1)

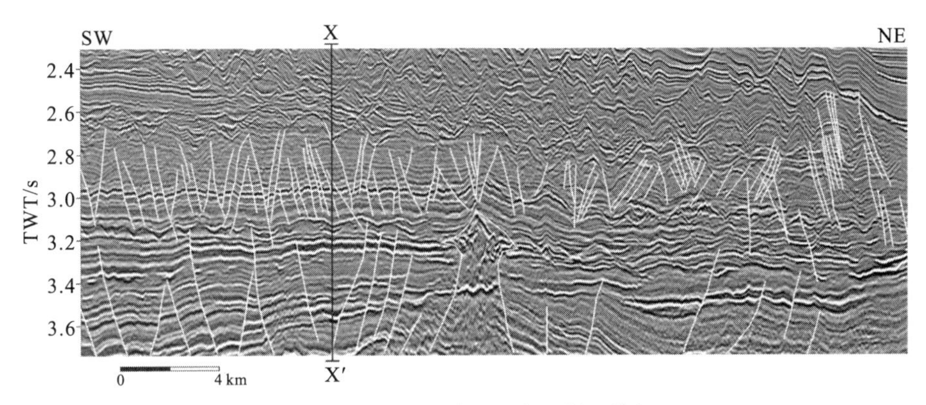

图 5-7　隆内斜坡带多边形断层剖面特征(2)

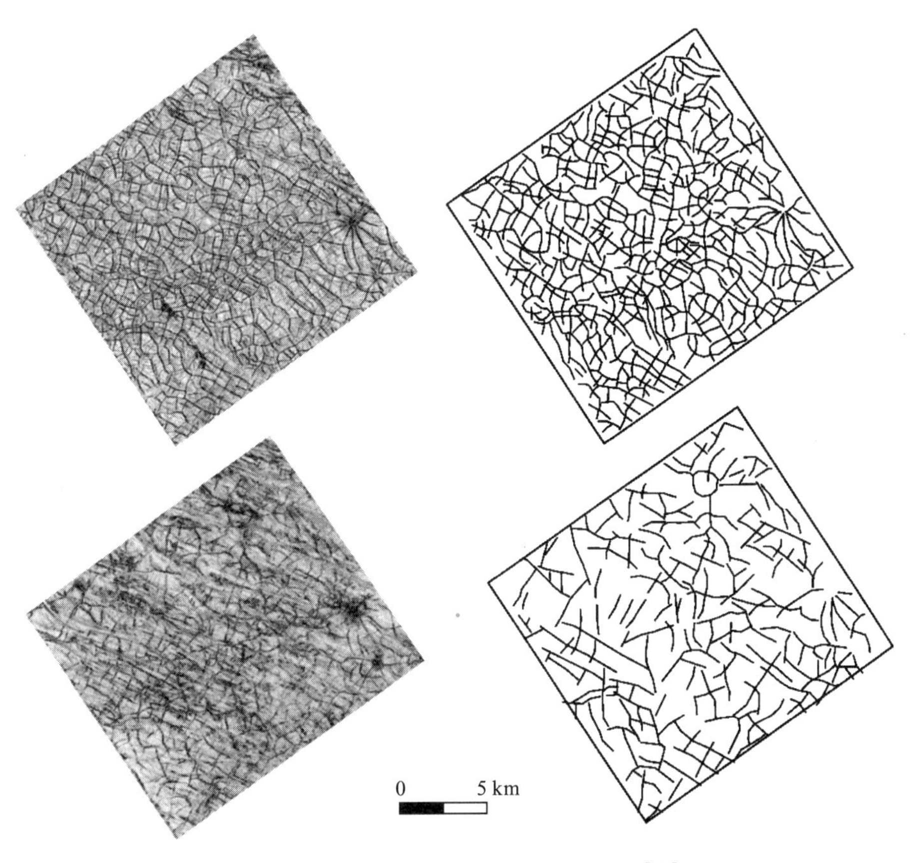

图 5-8　隆内斜坡带多边形断层平面特征[123]

(上、下图分别为 $T_3{}^1$ 及 $T_4{}^0$ 多边形断层平面分布；注意右侧放射状火山刺穿现象)

研究区的这种断裂的形态学特征和前人相关研究十分一致。抽取任意一条断层进行断距分析，结果显示最大断距位于中部的 $T_3{}^1$ 界面处，向上向下断距减小，直至消失(图 5-9)。对这种断层进行统计分析(图 5-10)发现，它们规模基本一致，大约为两千米左右。而这些均与多边形断层特征一致，因此可以认定其为多边形断层。但值得注意的是本区多边形断层在方向上具有一定的优势，主要为北东 60°及北西 150°。这与其他盆地的多边形断层相比具有其特殊性，具体原因尚有待进一步研究。

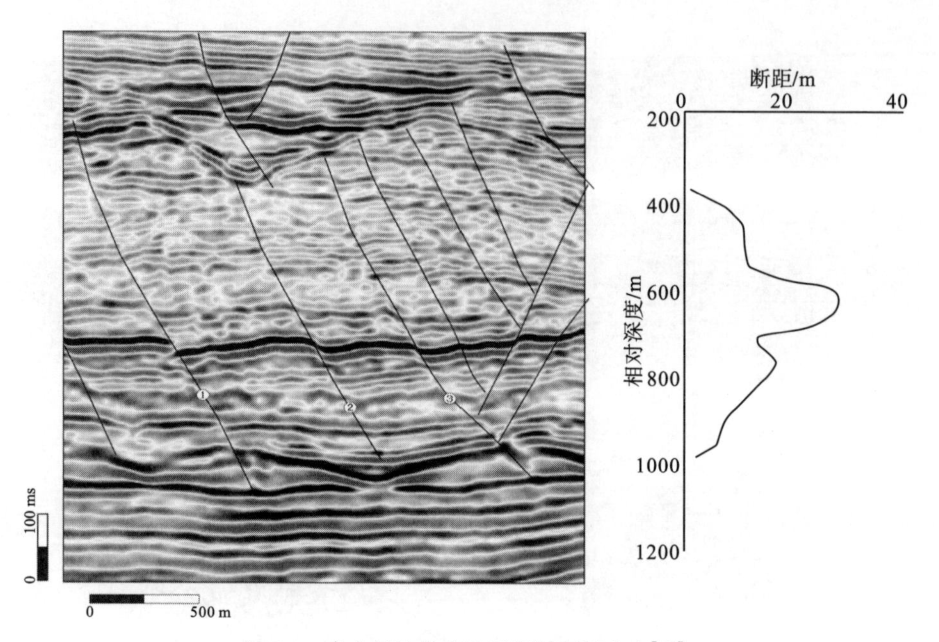

图 5-9　隆内斜坡带多边形断层断距分布[123]

（自顶部向下断距逐步加大，到 T_3^1 达到最大，向下转而减小，到底部断距消失）

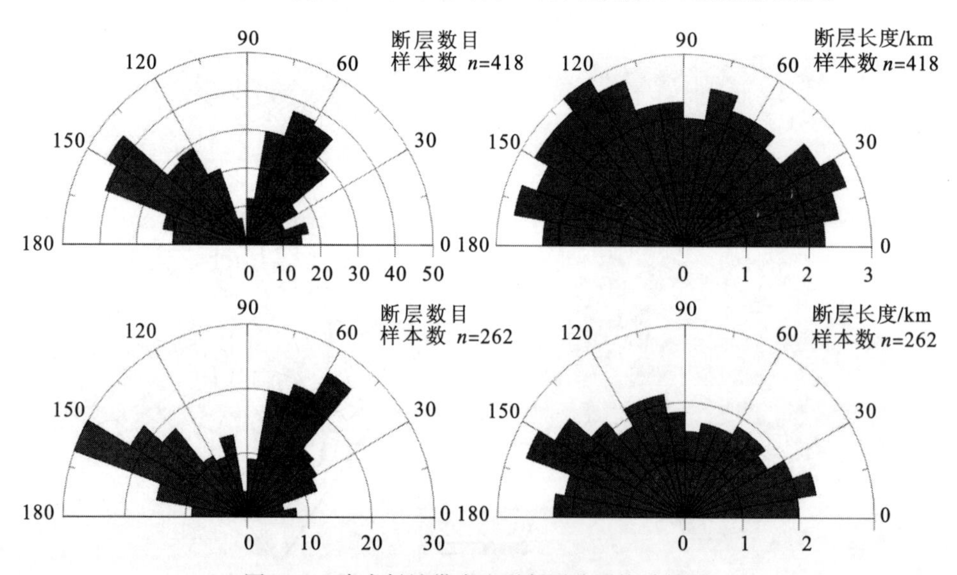

图 5-10　隆内斜坡带多边形断层分层统计结果

（上图为 T_3^1 界面断层统计，下图为 T_4^0 界面断层统计；与一般多边形断层不同，本区多边形断层具有一定方向性，优势方位为北东 60°以及北西 150°）

2. 成因机制及油气意义

关于多边形断层的形成机制，不同学者提出了多种解释：Cartwright 等[121]认为断层系统的构造和几何形态是由沉积物的胶体性质控制，并且在地震剖面上测到的体积收缩可以根据早期压实期间胶体蒙脱石凝胶的脱水收缩作用来解释。他们还分析认为多边形断层成因与超压层周期性脱水有关[124]，这种解释与多边形断层具有层控特征，平面分布范围与相带边界和层厚度一致等特征一致；Lonergan 等[125]、Jeffrey 等[126]、Cartwright[127]认为多边形断层是富泥沉积物脱水收缩作用(Syneresis)的结果；Higgs 等[128]、Clausen 等[129]分析了多边形断层形成与斜坡上细粒沉积物重力坍塌的关系；Goulty[130]认为多边形断层形成与压实沉积物较低的摩擦强度而导致重复滑动有关；Henriet 等[131]、Watterson 等[132]认为多边形断层是软沉积物变形的结果，其成因与具有异常高孔隙流体压力的富泥沉积物造成的密度反转和坍塌有关。这些机制都有其合理性，本区多边形断层的成因机制到底属于哪一种，还是存在与它们都不同的一种单独机制，这个问题仍需要深入研究。

本区多边断裂多为板状断裂，形状规则，可认为不是重力滑塌作用的结果。相关层系少有滑动的显示，因此也可排除压实沉积物较低的摩擦强度而导致重复滑动的可能性。而其余的解释有几个共同点：首先是地层以细粒物质为主，成分均一；其次，细粒物质的脱水、密度反转等均与超压有关。

本区多边形断层产生的时间正是整体沉降的快速拗陷阶段，多分布在琼东南盆地的南坡，距离大陆远，沉积以泥质为主；该时期西北部陆坡区快速沉降[55]，同时红河扇快速堆积，沉积物欠压实严重，具有产生超压的有利条件；在琼东南盆地已经发现了普遍的超压系统[67,133-136]。多边形断层主要分布的 T_3^1 界面为一组连续性极好的强反射界面。根据层序地层分析，T_4^0 代表了西北部陆坡由浅水向深水转化的开始，而 5.5Ma(T_3^0)为陆坡下沉过程中一个海平面很低的时期，对应发育了大规模的海底水道沉积[137-139]。二者之间的高连续强反射的 T_3^1 则代表了最大海泛面，是泥质沉积集中的层段。在以往的研究中，已经有学者发现这种超压流体的影响，如 Hao 等[140]发现琼东南盆地崖 21-1 构造超压在有机质热演化过程中并没有明显的抑制作用，正是由于超压流体幕式排放造成的。这种幕式排放可以作为多边形断层产生的动力机制。已有研究表明超压导致破裂极限降低[140]。通常认为当孔隙流体压力达到或超过净岩压力的 85%时，地层会发生水力破裂[141,142]。在超压条件下莫尔圆左移，位移量等于孔隙流体压力，从而使莫尔圆更易与破裂包络线相切，发生地层破裂[143]，而这种水力压裂断层走向具有随机性。有对北海中央地堑的研究表明，浅埋藏阶段，超压导致地层张性破裂，形成圆锥形裂隙，而深埋阶段，超压的累积导致地层发生剪切破裂[144]。通常情况下，超压引起的水力破裂除非被液化砂岩、各种矿物沉淀充填，否则难以保存[145]，但是如果地层内部的超压幕式排放，反复开合，这种断层就容易保存下来。

图 5-11 展示了琼东南盆地多边形断层发育的实例，下伏岩层的超压破裂，流体外泄诱发了上覆岩层的多边形断层发育。这种在较大的海水及地层负荷条件下的超压破裂，是本区断层倾角小的主要原因。在无上覆地层负载的情况下，断层近直立，随着负载增加，断层角度增大[143]。而这种超压流体上涌导致上覆岩层垂向合力的减小，使其容易产生滑塌变形。推测琼东南盆地发育的大规模滑塌变形与超压流体的上涌有关。

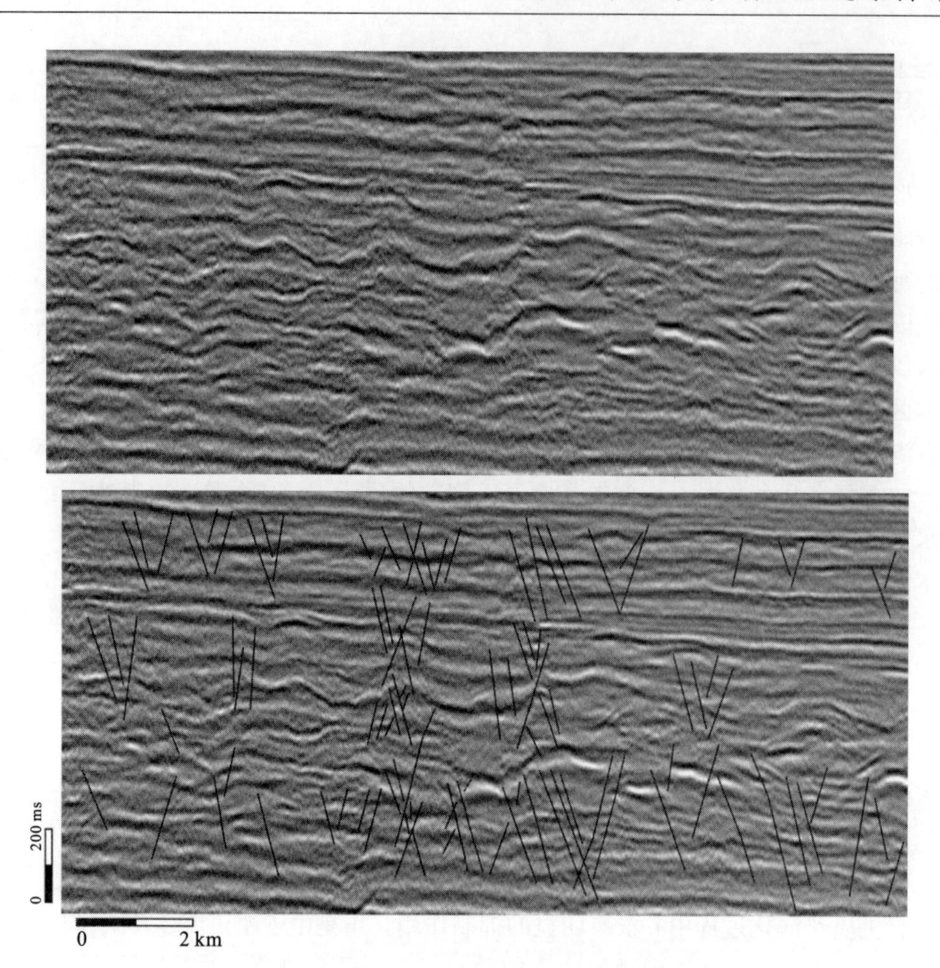

图 5-11　琼东南盆地多边形断层的发育模式

(未解释(上)和解释的(下)多边形断层剖面，注意下部岩层中的多边形断层与上部多边形断层发育层位之间的“通道”及其对应的波组上拱变形)

综上所述，本区具备产生多边形断层的物质条件、构造运动背景以及动力机制等有利条件，而快速拗陷阶段南北向的张力可能是多边形断层具有北东、北西两个共轭优势走向的原因之一。多边形断层不是区域应力的结果，但是区域应力对多边形断层仍然能够产生作用。

需要补充的是，在陆坡隆起带的中建盆地也见到了类似的断层分布，同样是在黄流组及莺歌海组下部(图 5-12)。陆坡隆起带的多边形断层，其形成机理是否仍然与超压有关，这还有待进一步研究。本书结合该区 10Ma，尤其是 5.5Ma 以来强烈的岩浆活动特征，分析认为隆起带的多边形断层应该与岩浆活动阶段沉积深海泥岩在后期冷却过程中的冷却收缩作用有关。

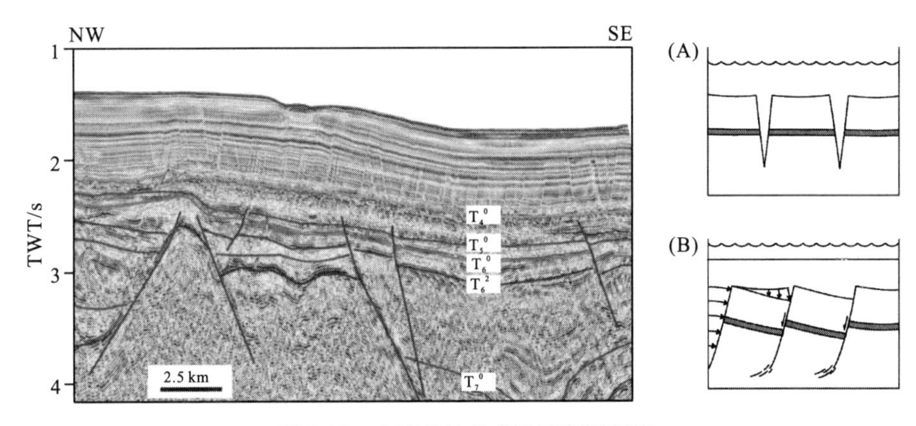

图 5-12　中建盆地的多边形断层系统

（主要集中在 $T_4{}^0$之上的高频高连续波组当中，具有岩浆活动背景的隆起区断层密度大于南侧凹陷，反映了多边形断层系统与岩浆活动可能的对应关系。右图模式来自文献［146］）

这种多边形断层的形成发展对油气形成聚集有着重要作用。在隆内斜坡带，超压的幕式排放导致超压对生烃没有明显作用。但它诱发了一系列断层，可作为泥岩内有机物质向外排放的通道。在隆内斜坡带，许多区域地层本身的热流已经可以达到生烃门限，超压经由多边形断层幕式排烃作用对油气成藏意义重大。在陆坡隆起区，强烈的岩浆活动增大了热流作用，可加速油气成熟，减轻或抵消由于埋深浅造成的影响。由此推测，本区还存在一种新的，通过多边形断层运移的油气成藏模式。其油气来源于梅山组、黄流组海相泥岩，随着富烃的海相泥岩逐渐沉降热演化达到成熟，体积膨胀并发生幕式排烃。油气沿多边形断层体系向上运移，在上覆的深海浊积砂当中聚集成藏。

5.2　构造样式与盆地结构

5.2.1　构造样式

构造样式是指在同一应力场作用下地壳和岩石圈发生变形而产生的各种构造形态的总称[147]。根据应力场的情况，构造样式可分为伸展构造样式、挤压构造样式和剪切构造样式三大类。

1. 伸展构造

1)半地堑构造

在张裂阶段，半地堑是具有成因意义的基本盆地单元，是构成盆地的原始“砖块”[32]。半地堑是本区的主要裂陷单元，其几何形态主要受控于边界断裂的几何形态。断陷盆地中的半地堑单元以不同的构造样式组合在一起从而形成了各式各样的凹陷[17,148,149]。根据半地堑地层是否由同一期张裂作用所发育，半地堑组合样式可分为同期半地堑和不同期半地堑两种类型，具体还可进一步细分(图 5-13)。而本区常见的半地堑组合主要包括了以下几种。

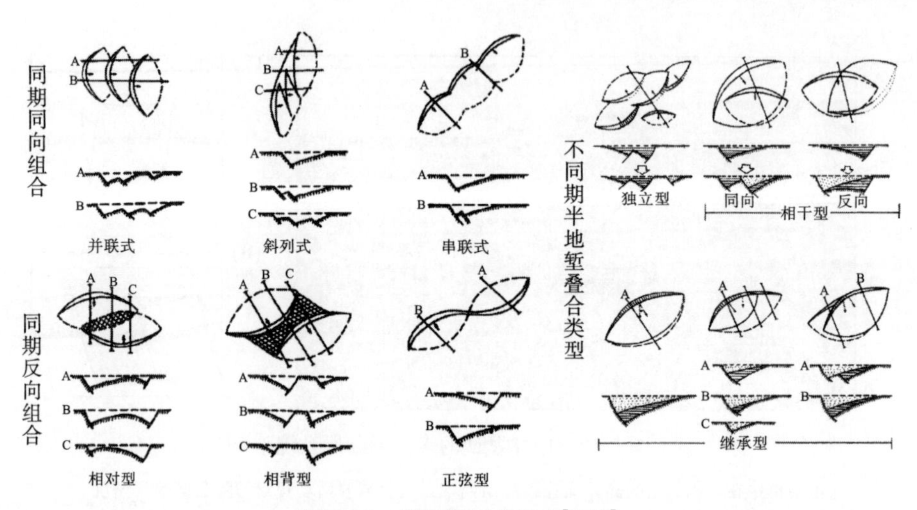

图 5-13　半地堑组合样式[17,149]

(1)同期同向半地堑。

并联式：相邻半地堑在垂直边界断层走向的方向上依次排列，每一个半地堑有独立的边界断层，且各边界断层大致平行排列。各个半地堑在早期独立发育，随着伸展的增大和沉降的继续，当外缘半地堑的范围扩大到内缘半地堑的边界断层时，两者联结成为一个统一的、剖面上呈阶梯状的大型半地堑。本区这种类型早期发育的典型代表是北礁低凸起，四条北东方向展布的断层控制了四个半地堑平行排列(图 5-14)；晚期代表是华光凹陷，断块的旋转或上盘的弯曲滚动形成的半地堑并非完全分隔，而是多个半地堑处于同一汇水区内，接受相同物源的披覆式充填(图 5-15)。

串联式：相邻半地堑沿边界断层走向呈线性排列。同样在早期各半地堑基本是独立发育的，但盆地伸展到一定程度时，彼此的边界断层开始联结起来组成一条较长的，呈波状延伸的大断层。典型实例是琼东南盆地北部的 5 号断裂，它至少由 5～6 条断裂联结而成(图 5-16)。断裂以脆性为主，随着伸展加剧，脆性断裂作用逐渐增强，断裂不断生长、联结，导致断裂上的垂向断距扩大。这几条断裂联合而成的断裂控制了崖北、松西、松东等凹陷的沉积。它们由最初的孤立发育逐步发展为突破相互之间的低凸起而相互连通，形成一个大型坳陷。

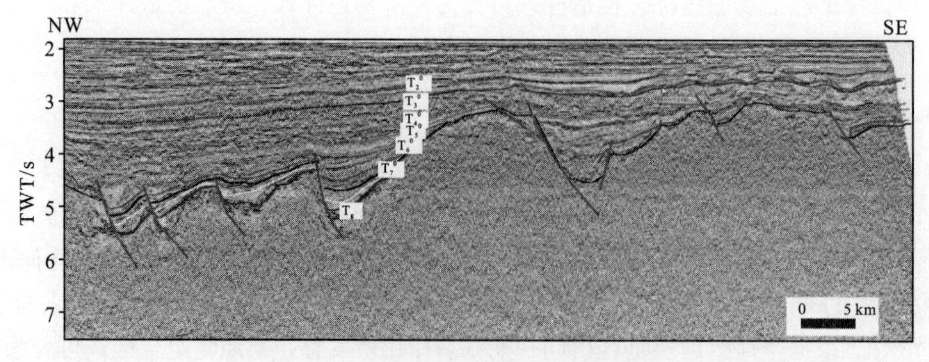

图 5-14　北礁低凸起并联式半地堑组合

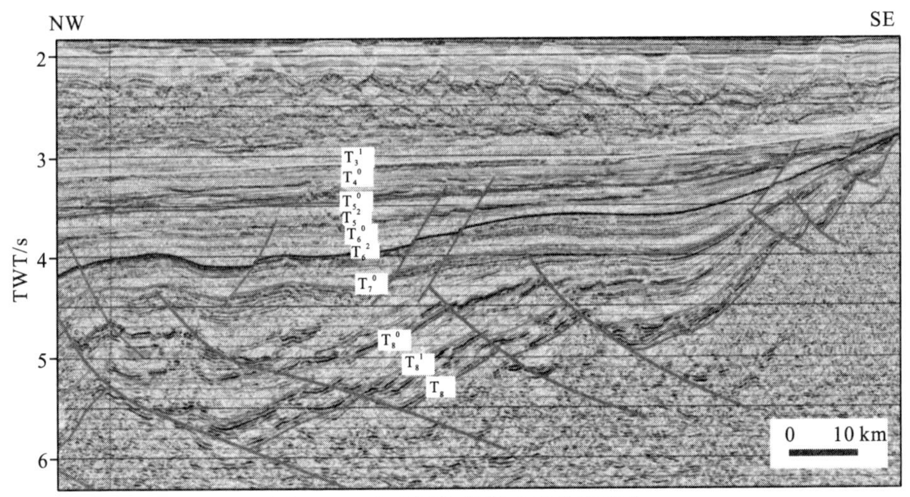

图 5-15　华光凹陷并联式半地堑组合

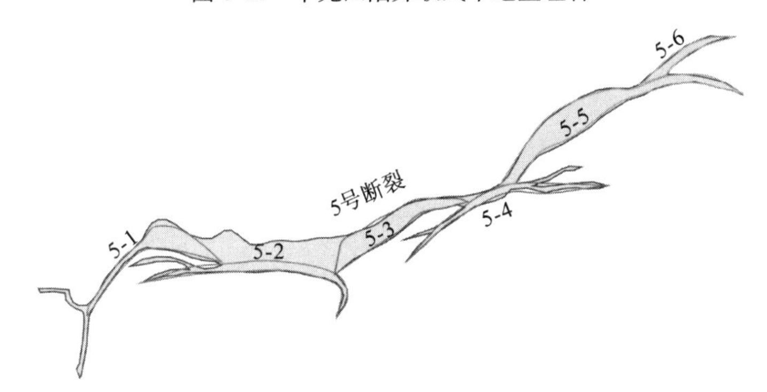

图 5-16　琼东南盆地北部边界的 5 号断裂分解示意图[104]

(2)同期反向半地堑。

相对型：相邻半地堑边界断层倾向相反，“面对面”的相向排列。这种排列方式的地堑组合在剖面上常呈现出“地堑”的形态，但这并不是真正的地堑，中间由基底隆起作为两个半地堑的联结部，并将二者分开，被称为低凸起[148]，早期该低凸起是两侧半地堑共同的超覆方向。

相背型：相邻半地堑边界断层倾向相反“背对背”排列。在两个半地堑之间的联结部是一个较高的基底隆起，成为“高凸起”，而在凸起上不接受盆地张裂阶段的沉积。这种样式是陆坡坳陷带及隆内斜坡带西段的主要样式。据调查显示，中央凸起及其两侧的反向半地堑控制了早期断陷的基本格局(图 5-17)。

(3)不同期半地堑。

南海北部曾经历过多期张裂，晚期形成的半地堑可以和处于同期半地堑组合外，还可与早期的半地堑以某种方式相连，从而形成不同期半地堑的组合形式。这种组合可分为三种类型：独立型、相干型和继承型[149]。而对于本区来说，始新世之前多为隆起剥蚀区，沉积记录留存较少，始新世以来的断陷以继承型为主，也有部分相干型。图 5-18 为华光凹陷的一个半地堑，可以看出早期为一系列小型断陷，后期在继承前期格局的基础上，主要由北西侧边界断层发育，其他断层停止活动，发育成一个大的半地堑。

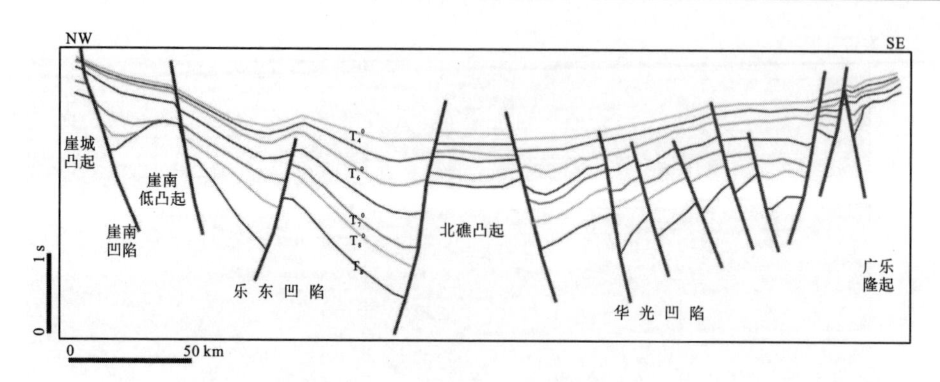

图 5-17　琼东南盆地西部盆地结构

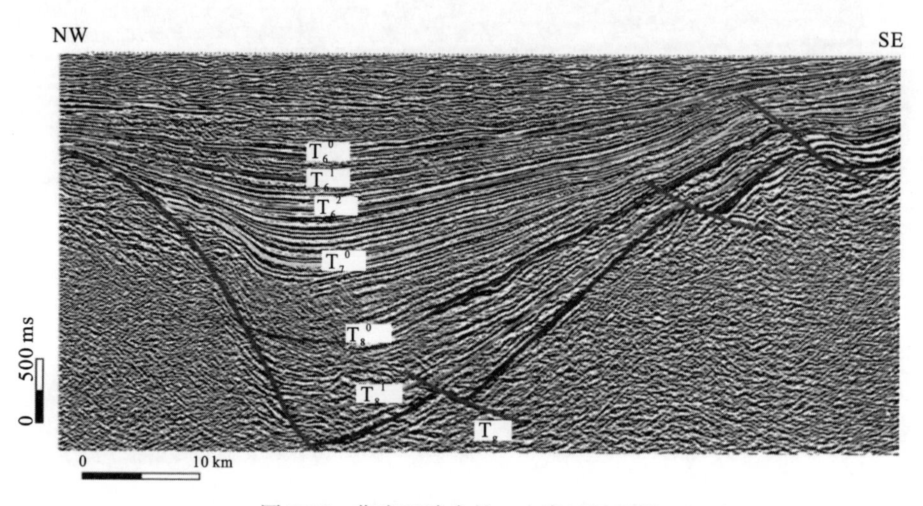

图 5-18　华光凹陷中的一个半地堑实例

2)地堑和地垒构造

地堑主要是由两条走向基本一致的同倾向共轭边界断层控制的沉降单元，地垒则为相反倾向的共轭边界断层控制的抬升单元。本区此类构造较多，大型的如乐东凹陷、宝岛凹陷等地堑盆地，小型的如华光凹陷、中建盆地、永乐隆起上的地堑地垒构造。一般认为，地堑－地垒构造代表了比半地堑更强烈的伸展。

2. 反转构造

隆内坳陷带西段在晚渐新世后期以后表现出一定程度的挤压和反转。但反转强度较弱，未出现明显的逆冲推覆构造，主要表现为各类褶皱构造，如断背斜、断展褶皱和断滑褶皱[104]。

陆坡隆起带的反转期次相对较多，强度相对较高。如图 5-19 和图 5-20 展示了陆坡隆起带上中建盆地的两期反转。图 5-19 指示该区经历了至少两期构造运动，断陷期结束时，早期断陷形成的地层北部抬升遭受剥蚀，产生了 T_6^0 角度不整合，到 15.5Ma 之后，在挤压应力作用下向上弯曲，形成断滑型褶皱，推测挤压应力方向为北西。图 5-20 中，T_7^0 不整合形成之后，产生了构造反转，使得 T_7^0 褶皱上隆，与下凹的 T_8^0 形成近透镜形状，推测挤压应力为近东西向。

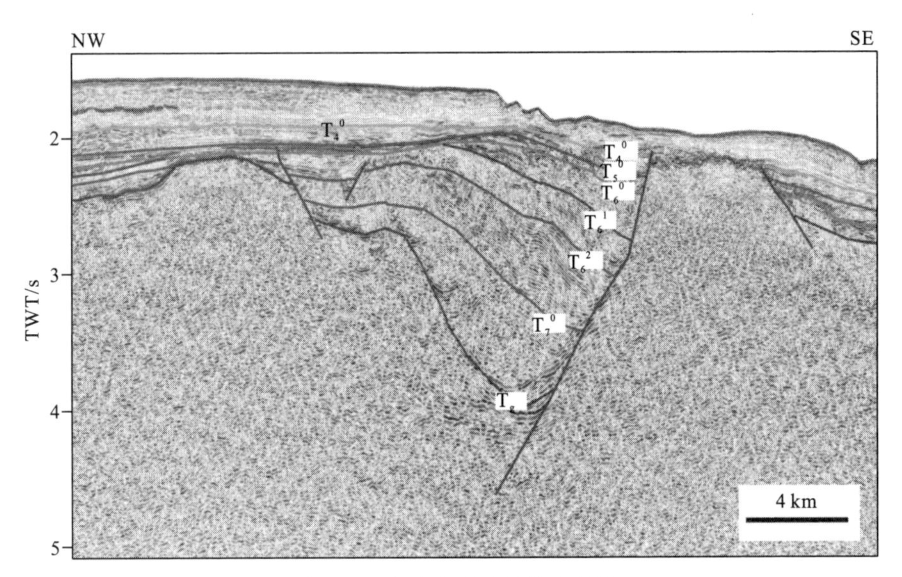

图 5-19　中建盆地反转构造(Ⅰ)

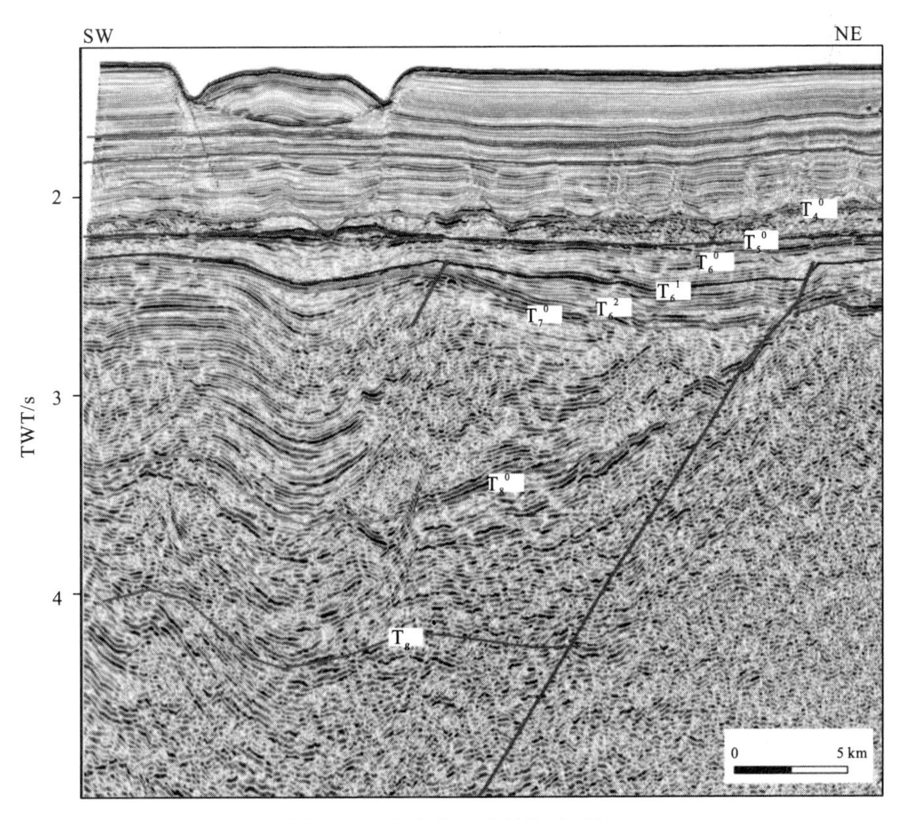

图 5-20　中建盆地反转构造(Ⅱ)

关于构造反转的时间存在不同解释，通过剖面分析可知，构造反转主要发育在两个时期：陵水期和梅山期。它们都是依据地层褶皱上隆，生长地层发育的时间确定的。但是对典型断层生长率的统计表明，断面附近主要反转发生在三亚期。图 5-21 和图 5-22 是这些统计断层中的两个典型代表，前者处于陆坡隆起带，后者处于陆坡外缘斜坡带。两者相隔数百千米，而产生反转的时期相同，反映了一定的普遍性，加上前述的两次反转，本区似乎存在三期反转。但是三亚期是岩石圈破裂，洋壳形成的阶段，在这一特定的时期出现挤压性质的构造反转是否合理仍然存疑。本书注意到这种反转的方向似乎都与东西方向的应力有关，一种可能的解释是北东向断层及北东东方向的断层在受到南北方向的应力作用时，分解为北西和北东两个方向的应力，前者造成断层的进一步拉张，而后者则可能造成局部挤压形成反转。调查本区南西－北东方向的剖面显示，挤压褶皱明显多于北西－南东方向的剖面(图 5-23)，这也从一个侧面反映了这种解释的合理性。

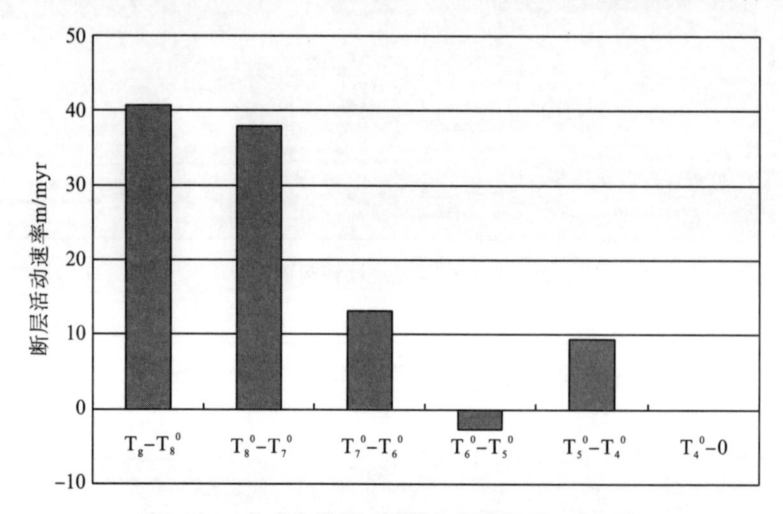

图 5-21　中建盆地某近东西向断层断裂活动速率

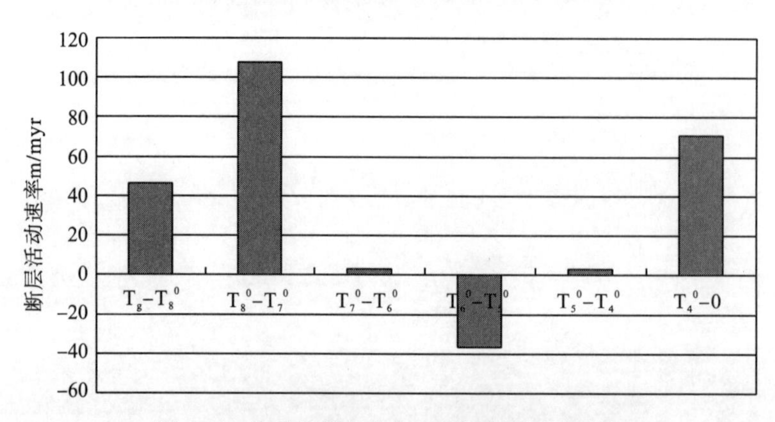

图 5-22　中沙海槽某北东向断层断裂活动速率

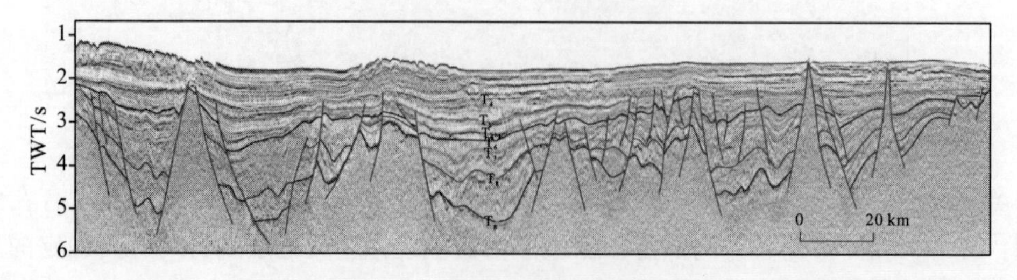

图 5-23　中建盆地近东西向剖面

［与北西－南东方向剖面(图 5-6，12，19，20)比较，凹陷内地层发生褶皱更为普遍］

3. 剪切构造

研究区剪切构造较为少见，图5-24展示了陆坡隆起带上中建盆地的一个花状构造，断层断面平直或略微下凹，表现为正断特点，向下汇总至同一条断裂，推测为张扭作用的结果。该花状构造形成的时期应当在23～10.5Ma，与前述的第二次和第三次构造反转时间重合，推测二者形成的动力机制相似。

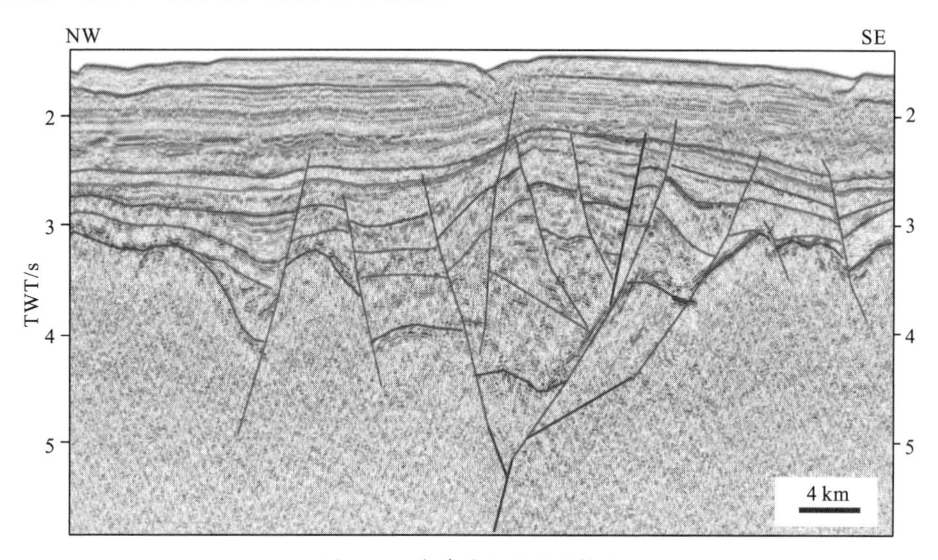

图5-24　中建盆地的花状构造

综上所述，本区张、压、剪三大类的构造样式均有发育，但以张为主。反转构造多期发育，隆内斜坡带晚渐新世后期表现出一定程度的挤压和反转，陆坡隆起带在渐新世早期就有反转发育，在三亚期后也曾有新的一期反转。总体来说，反转卷入的地层主要为陵水组、三亚组，剪切构造样式较少见，只在局部见到花状构造。

5.2.2　盆地结构

本书统计了研究区各区带的凹陷特征，结果显示出一定的规律性(表5-1)。

表5-1　南海西北部陆坡各区带凹陷主要特征统计表(部分数据来自文献[150])

坳陷带	凹陷名称	凹陷面积/km²	凹陷断陷结构	控制凹陷断裂走向	古近系厚度/m
陆架外缘斜坡	崖北凹陷	1885	半地堑	东西	>3500
	崖南凹陷	1241	半地堑	东西	>3500
	松东凹陷	1450	半地堑	北东	>2500
	松西凹陷	972	半地堑	北东	>2500

续表

坳陷带	凹陷名称	凹陷面积/km^2	凹陷断陷结构	控制凹陷断裂走向	古近系厚度/m
陆坡坳陷带	乐东凹陷	>4620	地堑	东西	>4000
	陵水凹陷	3278	菱形地堑	北西和北东	>4000
	松南凹陷	2002	半地堑	北东	>4000
	宝岛凹陷	>4583	地堑	东西	>4000
	西沙海槽盆地内的凹陷		地堑	东西	>4300
隆内斜坡带	华光凹陷	3700	半地堑	北东	>3000
	北礁凹陷	1230	半地堑	北东	>4000
	玉琢礁凹陷	625	半地堑	北东	>2000
陆坡隆起带	华光东凹陷	1200	地堑	近东西	1200
	中建北凹陷	6700	地堑、半地堑	北东和东西	2100
	中建南凹陷	7200	地堑	北东	2000
隆外斜坡带	浪花坳陷内的凹陷	4100	地堑	北东	1900
	排波盆地内的凹陷		地堑	北东	500

（注：断陷结构见图 5-6、图 5-25 和图 5-27）

(1)均为张性断陷，反映出本区张性构造与主导地位。

(2)陆架外缘斜坡及隆内斜坡带以高角度半地堑为主；陆坡坳陷带则多发育地堑，显示曾经历较强拉伸；陆坡隆起带地堑、半地堑并存；而隆外斜坡带则主要发育地堑，显示靠近洋盆拉张越强烈，陆坡隆起带上的相对小的伸展推测与其基底刚性有关。

(3)陆坡坳陷带凹陷面积相对较大，多在 3000～4000km^2，沉积厚度大，多在 4000m 以上，呈现“盆大水深”特征。陆架外缘斜坡及隆内斜坡带凹陷面积多在 3000km^2左右，相对较小。古近系沉积厚度多在 2000～3500m，比陆坡坳陷带小。陆坡隆起带的盆地坳陷特征明显，表现为凹陷面积巨大，如中建盆地总面积近14000km^2，沉积厚度仅 2000m 左右，为“盆更大而水浅”的特征。隆外斜坡带资料较少，盆地局限在中沙与西沙地块之间。与陆坡隆起带相比，浪花坳陷面积小，且水浅，仅 1900m。

从图 5-25 看，把陆坡坳陷带与其两侧斜坡带进行比较，当坳陷带结构主要为半地堑时，陆坡坳陷带窄且深，而隆内斜坡带则较宽；而当陆坡坳陷带主要为地堑结构时，陆坡坳陷带较宽，隆内斜坡带狭窄。据推测这种现象与陆坡坳陷带及其斜坡带的伸展特征有关，当陆坡坳陷带为拉伸较强的地堑时，伸展量多集中在陆坡坳陷内，隆内斜坡带狭窄。当陆坡坳陷带以伸展量小的半地堑为主时，隆内斜坡带可以通过其上的半地堑来消耗部分伸展量，形成较宽阔的隆内斜坡带。在这个过程中，中央凸起扮演了关键性作用，在很大程度上控制了南海西部陆坡坳陷带及隆内斜坡带的地质结构。在西部，中央隆起倾伏于盆地中央，表现为一个地垒，但从地质结构看，它分隔了乐东凹陷和华光凹陷，在该地垒两侧，各自发育了一系列相背的半地堑(图 5-26)，这种结构在东侧北礁低凸起及陵水凹陷依然清晰(图 5-25，L1)。在东部中央凸起继续起控制作用，表现为两个控盆断裂相对的半地堑中间的低凸起(图 5-25，L2，L3，L4)。

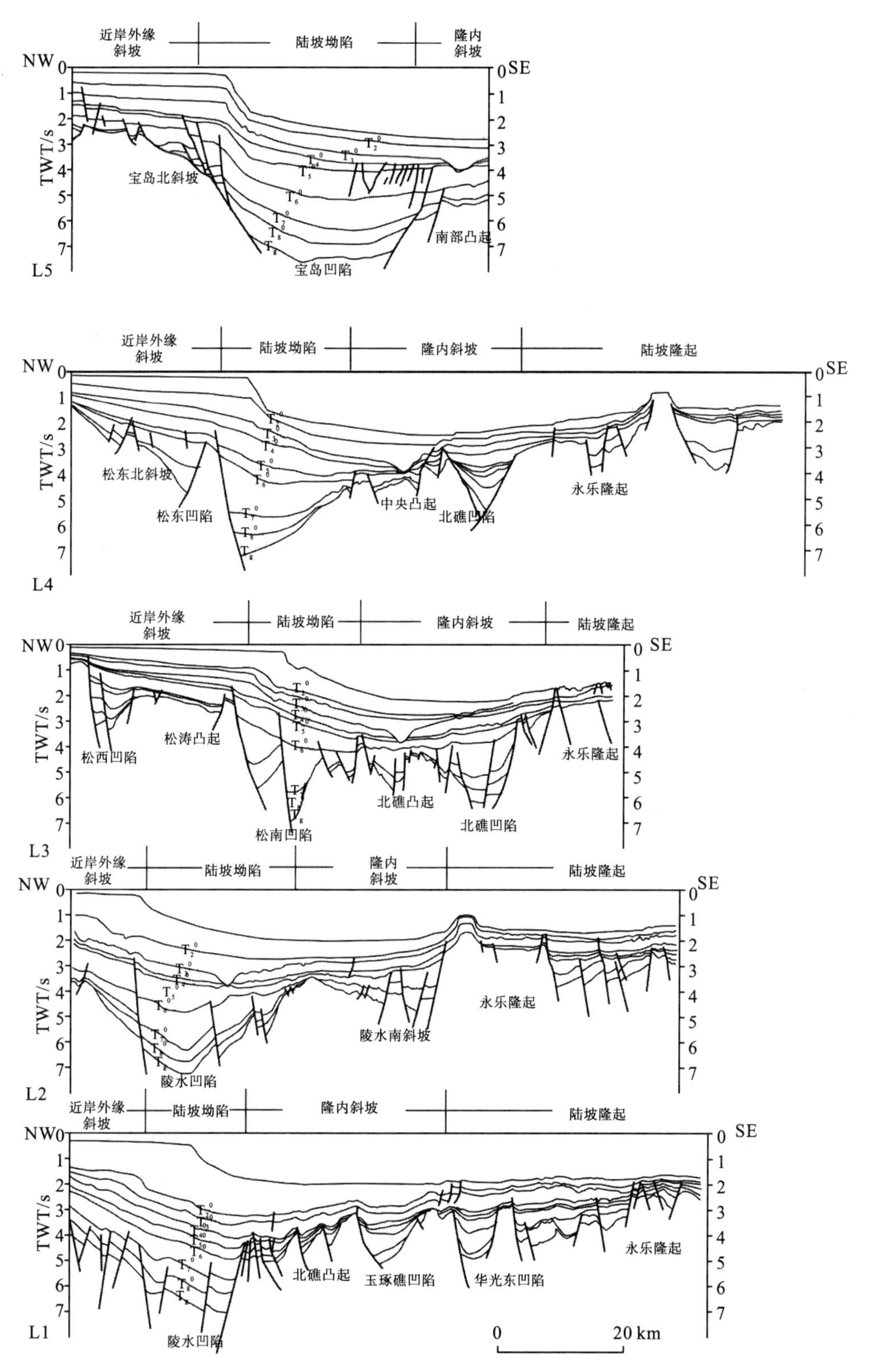

图 5-25　南海西北部部分盆地结构剖面

(剖面位置见图 2-1，L1～L5)

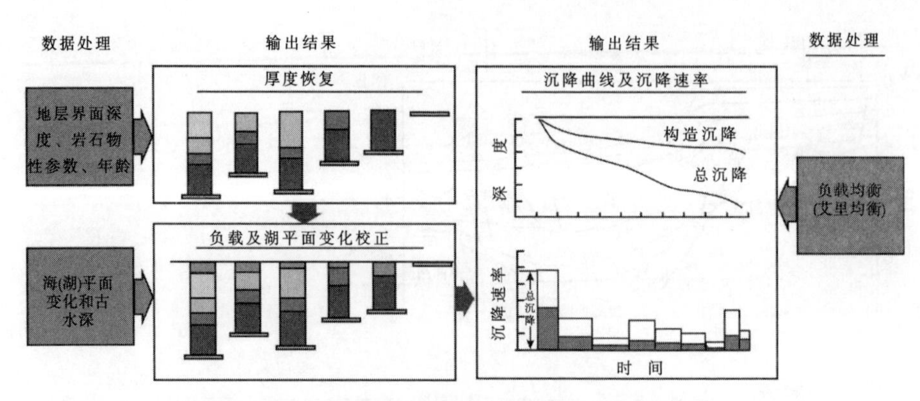

图 5-26　EBM 盆地模拟系统沉降史模拟流程[152]

各个带在横向上并不均衡，表现为东西分块。坳陷带受一系列低凸起及北西向断层控制，可分作五块。而隆内斜坡带由于中央隆起的影响可分作三块。在西块华光凹陷表现为自盆地向隆起的斜坡，其上分布一系列反向断层；中块包括了自北礁低凸起到北礁凹陷的大面积区域。其典型特点即斜坡宽，且处于低凸起背景之上。东块自宝岛凹陷南坡(图 5-25，L5)到西沙海槽盆地(图 5-27)，隆内斜坡带表现为一条简单斜坡。

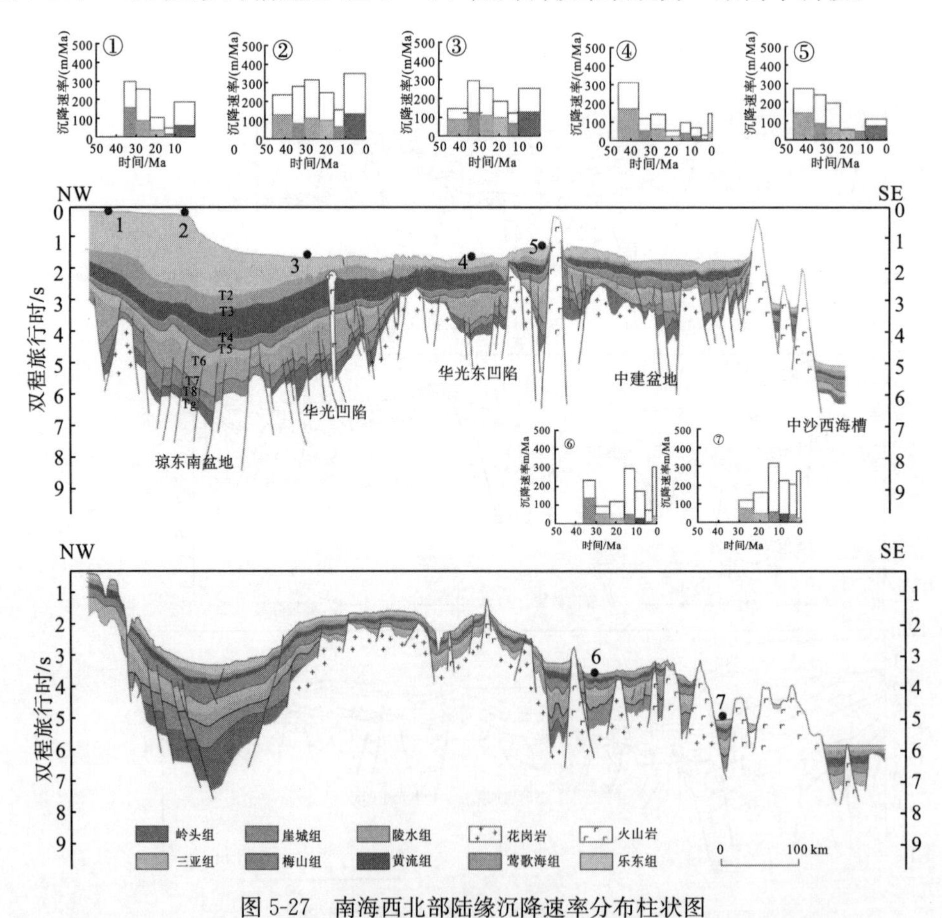

图 5-27　南海西北部陆缘沉降速率分布柱状图

(①崖南凹陷；②乐东凹陷；③华光凹陷；④华光东凹陷；⑤中建盆地中部；⑥浪花坳陷；⑦排波盆地。剖面位置见图 2-1，上图为 P2，下图为 P1)

由此可见，这种东西分块反映了各带横向的不均一性，对盆地沉积影响巨大。当隆内斜坡带西块的华光凹陷处于浅海环境时，中块的北礁低凸起则可能为滨岸相或者碳酸盐岩台地。从油气勘探角度看，当西块华光凹陷接受来自其断陷中生成的油气时，中块低凸起上的油气有可能尚未成熟。因此，在总体宏观框架下具体研究局部地质情况对于油气勘探十分重要。

5.3　沉降史

盆地沉降史定量分析的目的在于：①恢复盆地沉积和沉降速率随时间的变化；②区分出构造沉降、沉积物或盆地水体的负载沉降、沉积物压实下降、古水深变化等对盆地总沉降量的贡献[151]。目前的沉降史分析多利用现存的残留地层厚度，逐层恢复至地表，并对压实、古水深和海平面高度变化等方面进行校正，获得各地层的原始厚度、盆地的埋藏史和构造沉降史，进而可以实现沉积盆地各个时期的构造古地貌的恢复。这就是目前常用于沉降史分析的回剥法的基本原理。

EBM 盆地模拟系统是一个二维剖面回剥系统，它既可以反映盆地总体沉降特征，又可以对剖面上不同部位的沉降做出比较。它以“地层骨架体积不变”原理为基础，其工作流程如图 5-26 所示。

本书利用在南海西北部的 9 个区域反射界面，即 T_g、T_8^0、T_7^0、T_6^0、T_5^0、T_4^0、T_3^0、T_2^0和海底划分层序，并进行回剥和沉降史分析研究。选取了具有代表性的凹陷进行模拟，模拟数据选取位置以及模拟结果见图 5-27，图中七个点分别代表琼东南盆地崖南凹陷、乐东凹陷、华光凹陷、华光东凹陷、中建盆地中部、浪花坳陷以及排波盆地。它们的沉降史特征则代表了南海西北部从陆架到深海的各部位在地质历史的变化，其中崖南凹陷代表了陆架边缘斜坡带，乐东凹陷代表了陆坡坳陷带，华光凹陷代表了隆内斜坡带，华光东凹陷和中建盆地中部代表了陆坡隆起带，而浪花坳陷及排波盆地则代表了隆外斜坡带。

从沉降史柱状图上看，各个凹陷经历了相似的沉降史，均为快－慢－快三个阶段，分别对应了盆地演化的三个阶段：裂陷期、缓慢拗陷期、快速拗陷期。它们的分界面分别为 T_6^0和 T_4^0。

1. 裂陷期

在这一阶段，各个凹陷沉降史差异较大，这与裂陷期相对离散的应力状态有关。另外，这一时期的沉积多集中在琼东南盆地和中建盆地，而浪花坳陷、排波盆地在大部分时期则处于隆升剥蚀状态。图 5-28 为琼东南盆地新生代沉积速率的有关统计，从图中看，该区裂陷期(始新世—渐新世)可分为三个幕：裂陷一幕对应始新世，裂陷二幕对应崖城组沉积期，裂陷三幕对应陵水组沉积期。三个沉降幕总体显示由强到弱的趋势，但各幕沉降相差不大。

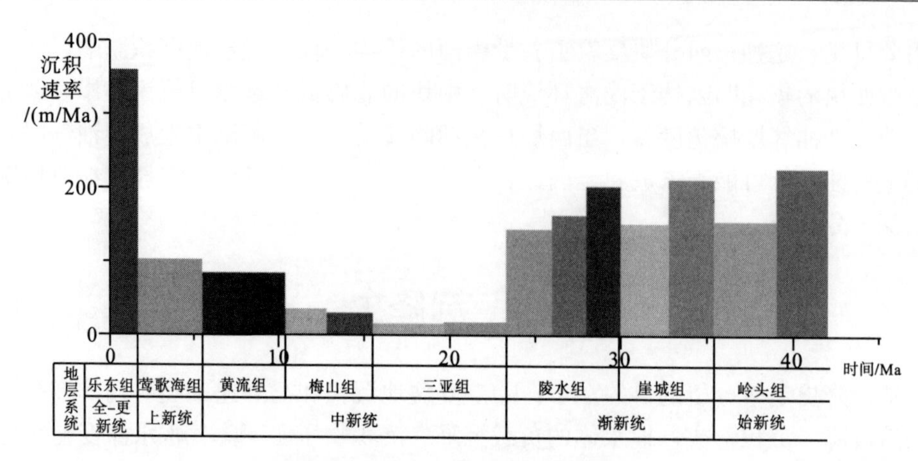

图 5-28　琼东南盆地各阶段沉积速率

2. 缓慢拗陷期

该阶段包括三亚组及梅山组沉积期。对南海北部陆坡西段来说，23.5Ma 是一个重要时刻，在该时刻西南海盆开始扩张，地幔上涌，洋壳形成，造成区域拉张应力集中到洋壳拉开部位，在陆坡部位则表现为抬升遭受剥蚀，形成分离不整合 T_6^0。在洋壳扩张，陆壳后退的整个过程中，研究区横向应力弱，盆地主要应力为垂向的热沉降，构造活动性弱，幅度小。因此，三亚组、梅山组沉积速率低，厚度薄。

从纵向上看，这一时期崖南凹陷、华光东凹陷、中建盆地中部、浪花坳陷及排波盆地的沉积速率明显小于乐东凹陷和华光凹陷。由此可见，陆坡坳陷带和隆内斜坡带在这一时期的沉积速率大，而陆架边缘斜坡带、陆坡隆起带和隆外斜坡带沉积速率较低。究其原因，前二者与地形有关，后者则与地形及沉积物供应都有关系。从沉降史看，乐东及华光凹陷沉降幅度大于崖南凹陷及华光东凹陷、中建盆地中部地区，但沉降最大的还是浪花坳陷和排波盆地。乐东凹陷和华光凹陷沉降快是由于其处于北部沉降中心，代表了琼东南热沉降中心的特征；浪花坳陷及排波盆地则是由于海盆扩张、陆坡沉降所致。

3. 快速拗陷期

10.5Ma 之后，陆坡区盆地强烈下陷，其形成机制的解释目前尚不统一。本书认为这与西南海盆扩张停止之后，陆坡区拉张应力再次活动有关。随着盆地沉陷，沉积物在盆地北坡大量堆积，形成目前意义上的陆坡。

从沉降史看，各凹陷在这一时期的沉降幅度普遍大于缓慢拗陷期，但就沉降速率而言，沉降最大的是隆外斜坡带和陆坡坳陷带，其次是陆架边缘斜坡带和隆内斜坡带，最低的是陆坡隆起带，而这些反映了沉降的不均匀性和各带基底的非均质性。

5.4　岩浆活动特征

南海西北部较少钻遇新生代火山岩，目前研究区识别火山活动主要依据地震剖面。岩浆岩在地震剖面上多表现为外部反射强、内部杂乱的特征。

崖南凹陷和陆坡坳陷带的乐东凹陷中类似火山岩的反射比较少，但隆内斜坡带则能见到明显的岩浆侵入，越靠近洋壳，其岩浆活动越活跃。

目前，关于琼东南盆地新生代火山活动的特点及岩性组成的报道不多，但与之毗邻的海南岛和涠洲半岛在新近纪晚期有较多的玄武岩喷发。有资料显示，珠江口盆地在始新世早期以中酸性喷出岩和火山碎屑岩为主，到了始新世中后期，基性喷出岩才逐渐增加，而中新世以后的火山岩则全为玄武岩[153]。邹和平[91]认为，古近纪的火成岩来自于大陆地壳之下富集型地幔的熔融，而这即是该时期发育中酸性火山岩的原因。

5.4.1 岩相类型

根据火山岩形成环境，火山岩可分成6个岩相：溢流相、爆发相、侵出相、火山通道(火山颈)相、潜(次)火山岩相、喷发(火山)沉积相。就本区而言，依靠地震资料主要可识别四种岩相：①溢流相。黏度较小的岩浆容易流动，常在强烈喷发后溢出，形成熔岩流或熔岩被。最常见的溢流相岩石是玄武岩，其次为安山岩。②侵出相。主要为黏度大、不易流动的中酸性、酸性和碱性岩浆，在气体大量释放后，从火山口往外挤出而成，在火山口内及附近堆积成岩钟、岩针等熔岩穹丘。③火山通道(火山颈)相。通道中充填的岩浆物质或(和)火山碎屑物质，常呈岩墙状或岩颈状产出。④潜火山岩相。它是与喷出岩同源但为浅层侵入的岩体。

研究区火山岩相类型较为丰富，为便于研究，在实际工作中对岩相类型进行了简化，将其分为溢流相、侵入相、侵出相三种(图5-29)。

5.4.2 岩浆活动的期次及分布

地壳不均匀减薄、横向刚性不均是南海西北部陆坡区典型特征。同时该区地幔活动性较强，具有岩浆活动的有利条件。

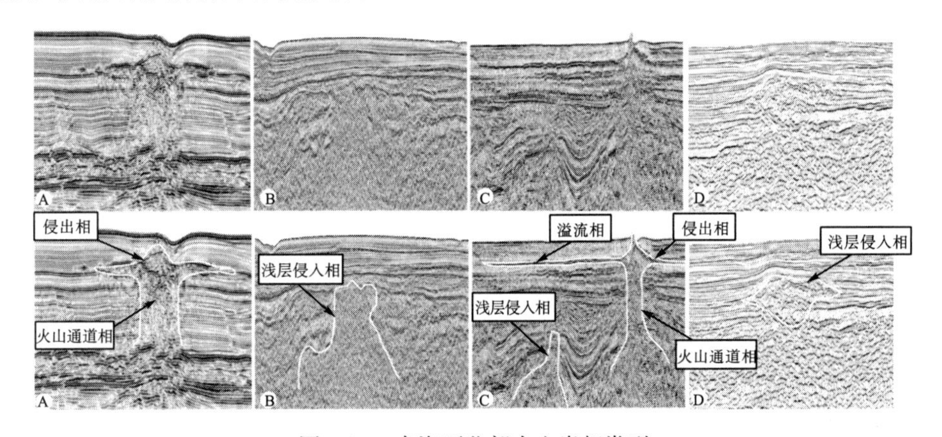

图5-29 南海西北部火山岩相类型

在区域上，早期火山作用是由溢流型石英拉斑玄武岩和橄榄拉斑玄武岩的裂隙喷发占主导地位，而晚期则是以中心式的碱性橄榄玄武岩和橄榄拉斑玄武岩为主。雷琼地区的拉斑玄武岩可能混合了富集岩石圈地幔组分，也遭受了比碱性玄武岩更多的部分熔融作用[86]。中南半岛地区玄武岩是富 EMI 软流圈同减薄的欧亚岩石圈相互作用的结果，在上升期间受到了地壳混染。

在研究区主要是基于地震反射特征进行岩浆岩的识别分析。目前看来，本区存在多期火山活动，且各期火山之间存在相互影响。判断火山期次的证据包括：①火山岩地震反射之间的关系，如图 5-30，23.5Ma 之前的岩浆侵入造成的搅混带被后期的侵出火山替代，反映出明显的火山期次；②火山与地层界面之间的关系。火山在形成过程中会产生一系列作用，具体将在下一节专门讨论。而对判断火山时代有意义的现象包括：岩浆侵出在海底形成的钟形火山锥或者溢流造成的席状强振幅地震反射覆盖下伏地层，表示火山活动晚于该地层形成；岩浆上涌使得附近地层向上弯曲，而静止的火山周边地层多水平展布，向上弯曲与水平地层显示之间的地层形成年代就是火山活动的时期。侵入岩浆岩晚于地层形成。若该侵入影响了地表，形成局部高地，则高地周边的生长地层与褶皱地层之间的时间就是火山活动的时间(图 5-29，D)。

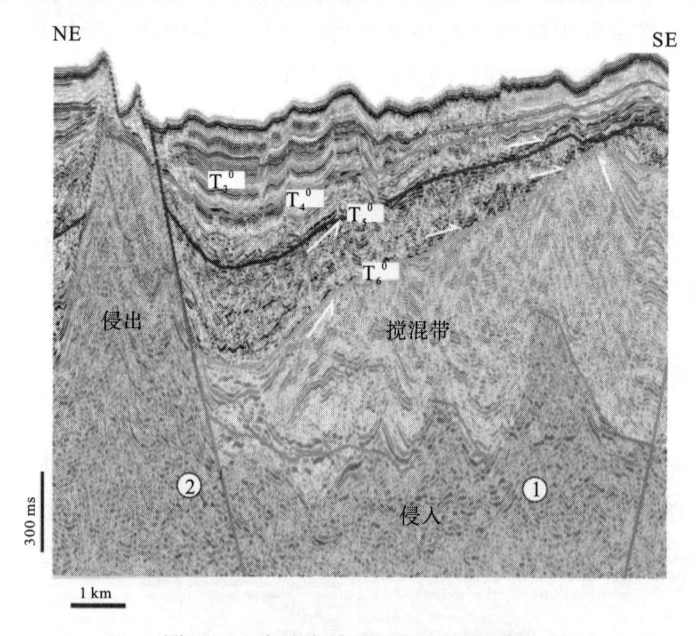

图 5-30　中沙海槽北坡火山发育特征

(①代表断陷期火山侵入。该侵入破坏了断陷期地层，使得上覆地层搅混变形，变形的地层在 23Ma 曾遭受剥蚀，因此 T_6^0 在此处表现为下削上超的关系。②为 5.5Ma 之后的火山侵出。该火山造成了 T_6^0 到 T_3^0 间地层的上拉倾斜)

依据这些原则，本书对研究区岩浆活动的期次进行了分类统计(图 5-31)。结果显示，火山活动自北而南增加，到西南海盆边缘的中沙海槽火山过于密集，因此本书只是大致勾画了同期火山发育的区域。

各期火山活动的特征差异较大。始新世—渐新世多以岩浆侵入形式发育，上覆岩层遭受浸染作用较为强烈。由于埋深较大，地震资料分辨率较低，岩浆岩难以识别，因此地震剖面中可识别到的火山远少于实际数量。从现有的分布看，断陷期火山主要集中在中建盆地和华光凹陷，而中沙海槽火山活动多属于晚期火山。自中新世以来火山活动更为频繁，多表现为岩体刺穿、喷发等等。

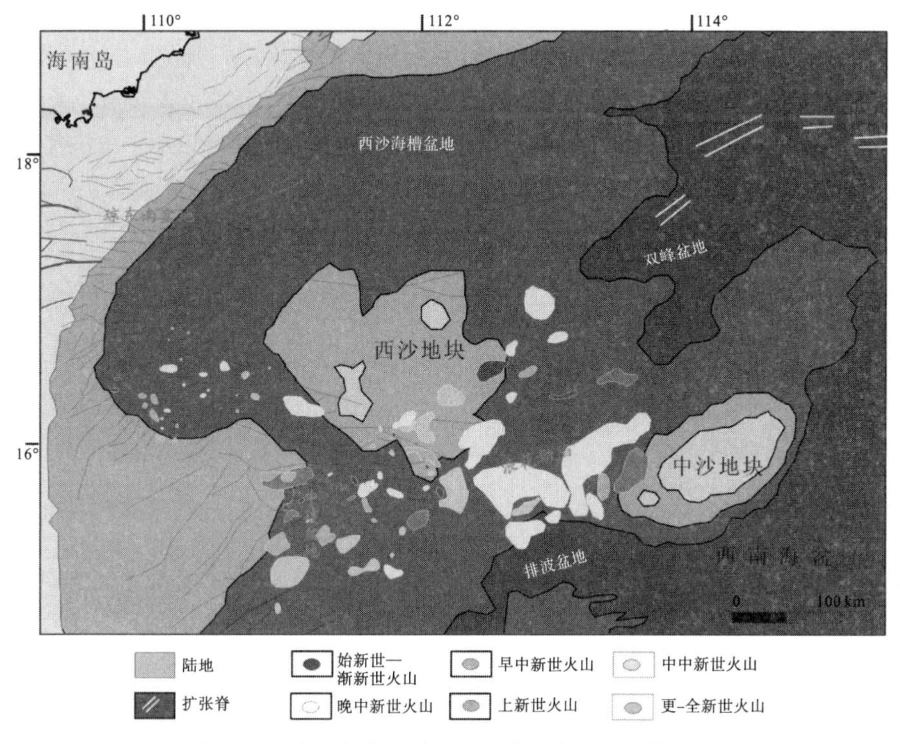

图 5-31 南海西北部陆坡区岩浆活动期次及其分布

经考察各个时期岩浆岩分布发现，各期火山活动所聚焦的地区不同。在始新世—渐新世，中建盆地岩浆活动更为剧烈；至中新世，活动中心南移到浪花坳陷；自上新世开始，火山活动区域变得十分广泛，几乎涵盖了研究区所有地区，在中建盆地、华光凹陷略显集中。

上新世开始的这种变化则反映了本区构造的重要转换。5.5Ma 开始强烈坳陷，沉降加剧。从波组特征看，高频高连续的地震反射特征明显。北部边缘开始大面积发育陆坡前积楔，说明坳陷导致坡度增大。这种情况下，岩浆活动与坳陷存在一定关联。调查显示，5.5Ma 是南海火山活动激化的时期，在中央海盆也发育大量晚期火山，同时西部红河断裂走滑方式的转变也是在这个时候。因此，本区上新世具有大面积火山发育的独特条件。

5.4.3 岩浆活动的作用

1. 掀斜褶皱作用

岩浆侵入作用可导致地层的掀斜褶皱作用。通常岩浆侵入表现为热力熔化围岩和机械挤入两种形式，前者又称为深成侵入作用，一般在 3～6km 以下，后者则发育深度较小。本区多发育后者，即机械挤入形式的岩浆侵入作用。岩浆上涌，机械挤入会导致上部地层的上拱，造成地层的变形，主要表现为地层的倾斜及褶皱。在琼东南盆地，由于断陷期之后的构造活动以拗陷为主，上覆地层多为半深海的泥质沉积，韧性大，始新统和下渐新统的烃源岩生成的油气难以向上运移到浅层的储层中，加之构造运动弱，形成的圈闭有限，造成了琼东南盆地浅层勘探的巨大困难。相对来说，莺歌海盆地强烈的底辟活动造就了油气运移的通道以及浅层圈闭的形成，油气成藏条件好。在中建盆地大面积发育的火山活动在一定程度上类似于底辟对莺歌海盆地的影响。掀斜作用和褶皱作用使得浅层地层复杂化，造就了一批圈闭，从这方面来说，火山作用对油气运移聚集有促进作用。

2. 刺穿作用

岩浆刺穿了上覆地层，如果小规模的刺穿可形成放射状小断裂，而规模较大的刺穿则可导致岩层上拉倾斜。

3. 断裂作用

火山活动总是伴随着断层活动，并且形成了一系列次级断层，如由于气体释放，热量散失导致表层塌陷形成一系列断层。这些断层可为下伏油气的向上运移创造条件，也可能破坏原有的圈闭。

4. 触发作用

火山、地震等都可触发重力流，在本区半深海条件下尤为如此。推测研究区上新世以后大面积发育的滑塌作用与同时期强烈的火山活动密切相关。

5. 加速油气成熟

在陆坡隆起区由于埋深浅、热流低，油气多处于未成熟阶段，但本区活跃的火山活动一定程度上增强了热流，加速油气成熟。

5.5 陆坡的形成与构造演化

5.5.1 中沙海槽的形成与演化

目前，有关中沙海槽的演化的研究很少，中美合作调研南海地质专报中的地学断面经过了中沙海槽的北坡，认为该处发育渐新世的小型断陷，在早－中中新世大幅沉降，但又强调了西沙海槽整体是一个大型断陷[55]。本书利用地震资料连片对比解释，认为中沙海槽在渐新世仅有少量狭窄的地堑，大部分地区属于剥蚀区。中沙地块和西沙地块在断陷期应该属于一个统一体。

从地形上看，中沙隆起两侧均为陡峭悬崖，坡度很大(图 3-1，A2)，似乎印证了中沙海槽断陷成因的观点，但是令人疑惑的是：①地震解释的结果显示，中沙海槽断陷期地层发育似乎并不明显；②自 T_6^0 之上的地层多是连续的，从西沙隆起可一直与中沙海槽槽底沉积相连，中间可见到由于凸起阻隔造成的台阶状分布，但总体而言断层的影响并不是决定性的。

由此，本书提出了中沙海槽拗陷成因的设想：中沙海槽在断陷期仅仅为中沙－西沙隆起上的几条地堑、半地堑，大部分地区处于隆起剥蚀状态，岩性多为前寒武系花岗岩。西南海盆 23Ma 开始扩张，中沙海槽处于拉伸中心的肩部位置。随着海盆扩张，该区进一步隆起遭受剥蚀，形成了 T_6^0 与下伏渐新统之间的角度不整合(图 5-32)。此后，在这种扩张影响下，中沙地块和西沙地块两个刚性块体之间的薄弱带伸展加强，向下沉陷，刚性更强的中沙地块产生了高角度的断层，而刚性稍弱的西沙地块则表现为不均匀的拗陷，在先存断层的影响下形成阶梯状递减的斜坡。在早中新世时这种作用并不剧烈，西沙隆起斜坡与中沙海槽的沉积厚度差异也并不大(图 5-32)。到中中新世，西南海盆扩张停止，但中沙海槽却出现了大幅度沉降，主要表现为 T_5^0 之上的地层明显上超。T_5^0 对下伏地层仍然有一定削蚀作用，但该界面以上的地层少有这种现象，T_4^0 上超于 T_5^0 之上，而 T_3^0 及 T_2^0 则基本连续，观察到的间断多为峡谷水道侵蚀以及海底水流的破坏现象。由此推测，T_5^0-T_4^0 之间出现了大幅度沉陷，中沙海槽形成。西沙隆起的沉积物进入海槽堆积，形成了槽底边缘的上超。而随着西沙隆起本身的沉降，物源减少，10.5Ma 之后整体为深海环境，沉积速率明显下降，以深海披覆为主，连续性增强。在这个过程中的一个突出影响是，由于中沙海槽的形成，中中新世陆架坡折由中沙隆起南侧边缘转移到西沙隆起南侧，中沙海槽则处于半深海的陆坡环境。

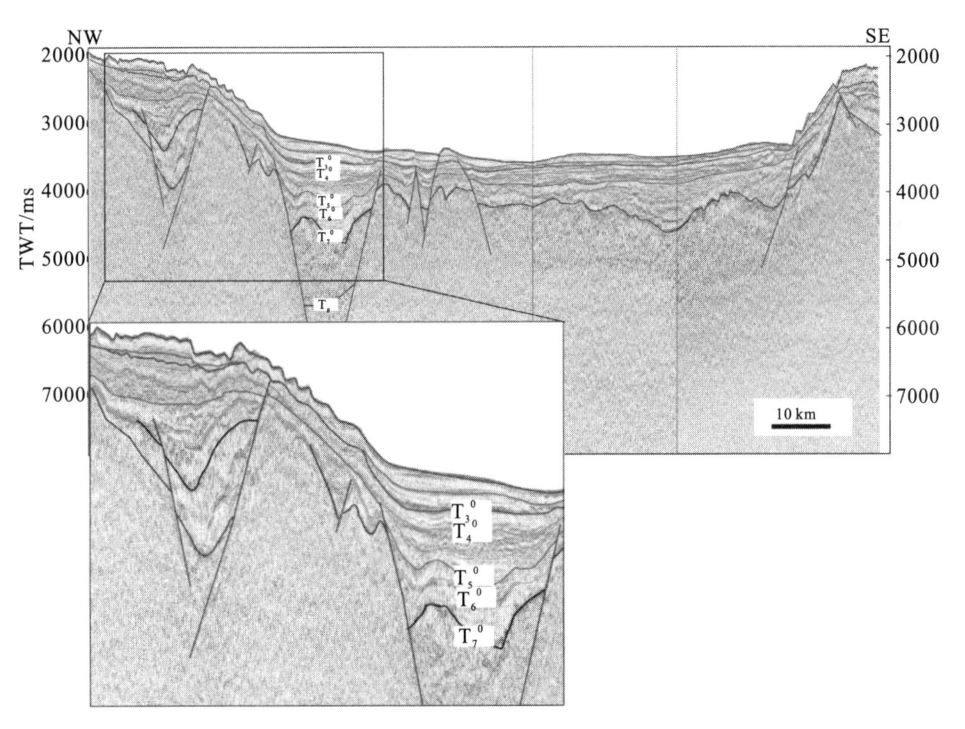

图 5-32　中沙海槽北西－南东向剖面

(剖面位置见图 2-1，E)

5.5.2 陆坡隆起带典型台地的形成与演化

在陆坡隆起带、隆内斜坡带以及隆外斜坡带均有发育大规模的台地。这些台地既有构造成因的，也有沉积成因的。同时，不同类型的台地又有着各自不同的演化历史以及地质结构特征。

南海西北部与构造有关的台地可分为两种：古老基底隆起型和后期构造沉积型。前者如永乐隆起，钻井显示该区在中新世以前多为剥蚀区，造成前寒武系花岗片麻岩出露遭受剥蚀，在该基底之上直接沉积了中新世台地碳酸盐岩；后者以中建低凸起为典型代表，该凸起处于中建盆地中心，沉积厚度大，在一系列火山及构造活动影响下逐渐隆起形成台地。而本节将重点介绍后者的形成演化过程(图 5-33)。

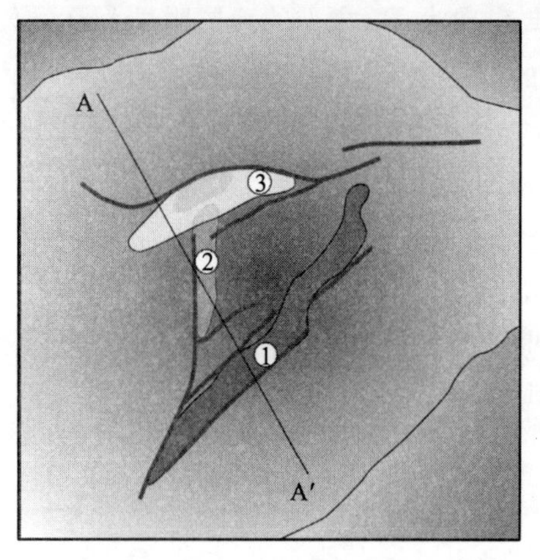

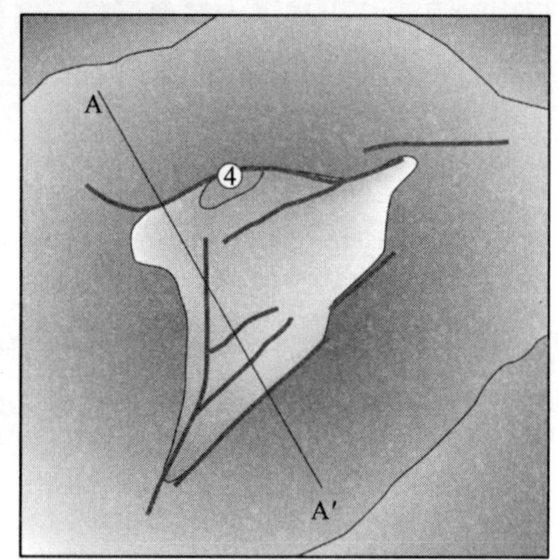

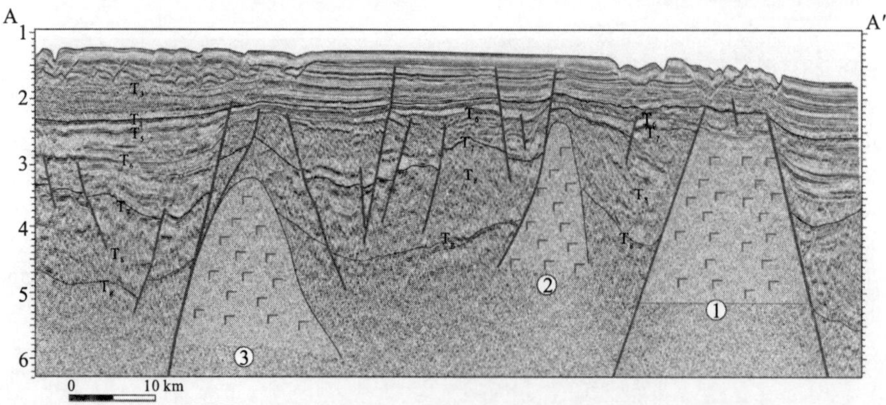

图 5-33　陆坡隆起带火山活动联合形成台地模式示意图

(①、②、③分别代表了三个时期发育的火山带，它们相互联合形成台地)

该台地最早为凹陷内的一条北东向狭窄的长条状凸起，推测早先为一地垒，并伴随强烈的火山活动。在 30Ma 以前，顺着一条近南北方向的断层发育岩浆活动，岩浆侵入使得该区抬升。在 30Ma，即珠江口盆地分离不整合发育时期，本区发育高角度不整合。从陵水晚期开始，该区北侧发育近东西向的断陷，控洼断裂北倾，在其北侧发育近岸水下扇的楔状体。23Ma 时，岩浆活动开始加剧，岩浆沿着该断层上涌，形成一条近东西向的低凸起。三次断陷和火山活动形成了本区隆起的基本形貌。在这种背景下，凸起之间的地区被填平，并逐渐联合为一个近三角形的整体台地。图 5-33 对这个过程进行了示意：根据地层接触关系确定了火山发育的期次，火山带①最为古老，其北侧的断层曾一度为北侧洼陷的控盆边界断裂；火山带②发育于①之后，30Ma 之前，造成了周边地层强烈掀斜，并遭受夷平剥蚀，形成 T_7^0 高角度不整合面，此后火山带②北侧断层控制了西侧洼陷；火山带③也是在控洼断裂基础上发育起来的，其他测线解释结果显示北侧陵水组厚度明显大于断层南侧，并且呈楔状，显示断陷特征，发育时间在 30～23.5Ma。23.5Ma 之后台地合并完成，此后作为一个整体升降运动，台地上地层厚度差异小。

关于台地合并，经典实例是巴哈马滩，该滩由两个基底凸起构成原始的基本形貌。由于两凸起之间的洼陷处于背风方向，在碳酸盐岩台地迎风陡峭，背风缓坡沉积扇体的规律影响下，两凸起之间的洼陷被填平，从而由两个较小的台地合并为一个完整的大台地。本区台地的形成与巴哈马滩具有相似性，区别在于凸起之间的填充物质来自上拱的凸起。由于本区前期处于盆地中央位置，沉积厚度大，凸起上升过程中，早先沉积的地层剥蚀并就近沉积在现今的台地部位。在 23Ma 本区分离不整合产生大面积的沉积间断，但剥蚀幅度较小。在这次夷平之后，本区发育碳酸盐岩台地，在东南迎风面发育较大规模的台地边缘生物礁。该台地从此结合为一个整体，开始了统一演化进程。

5.5.3 南海西北部陆坡的形成与演化

1. 南海西北部陆坡纵向演化

自分离不整合开始，岩石圈破裂、洋壳形成，就开始出现了陆坡。初始陆坡是一系列大断层所形成的陡峭斜坡。随着洋中脊向南迁移，有两方面因素对本区产生了重要影响：一是由于热活动中心的远离，陆坡区开始冷却沉降；二是在岩石圈破裂形成洋壳的过程中，中沙地块作为一个刚性块体，在很大程度上影响了断裂的走向及范围。

通过区域地层对比可以发现，在地壳拉开形成洋壳的过程中，陆坡外缘断陷期沉积厚度并不大，很多地区一直处于隆起剥蚀状态。换言之，洋壳不是从断陷最深处拉开的。这是一个很有趣的现象，一般来说洋壳是裂谷活动加剧的结果，经典模式应该是裂谷活动－地壳减薄－地幔上涌－形成洋壳。在南海北部陆缘的中、东段，其洋中脊就是从北部大陆坡的边缘开始形成的，而这些地区在断陷期就是处于深海环境[154]，也就是说，南海中央海盆是在深裂谷基础上发育而来的。而对于西南海盆来说，中沙地块未见到强烈减薄，在其西部以及中沙地块与西沙地块之间的中沙海槽北坡则存在明显的阶梯状减薄，在中沙地块南北边界均为陡峭的断层边界。在这些地区的断陷期沉积并不多，表明多数时期它们都处于隆升剥蚀的状态，并非深裂谷。由此看来，更合理的解释应该是中沙地块这一刚性大的古老地块干扰了地壳减薄的过程。当中央海盆扩张中心向南跃迁到达中沙地块时，由于这个刚性地块的影响，裂谷沿着中沙地块的边缘转向西南发育，并迅速撕开其西部减薄的陆壳向西南扩展。Sun 等[96]通过物理模拟已经验证了这种模式的可能性。

在中沙地块和西沙地块之间，原先存在一条窄长的裂谷，由于西南海盆分离过程中的拉张，这条裂谷也拉张沉陷，但从地震解释的结果看，T_6^0-T_5^0之间并没见到明显的不整合，而坡上的西沙地块则见到了明显的削蚀不整合。这说明前述的裂谷沉降作用并不十分明显。但到 15.5Ma 之后出现了明显的上超现象，在西沙地块之上表现为披覆沉积，很少见到不整合显示。由此分析认为，该时期是中沙地块－西沙地块的重要环境转换期，表现为中沙海槽迅速下陷，海水迅速入侵。在这种变动过程中，台地边缘被淹没，形成一系列上超充填，推测该时期陆架坡折已经退到西沙隆起的南缘，向西经永兴隆起边缘直到中建南挠曲边缘。该边缘以内，以广阔的陆架沉积为主，多发育大型碳酸盐岩台地，边缘以外则为阶梯状减薄的陆壳，在台阶边缘多发育北东向的火山形成的海山，方向与中沙地块的边缘一致。在中沙北部的中沙北海岭也是如此特征，推测为岩浆沿着拉张过程中产生的断裂上涌侵入的结果。

10.5Ma 之后，陆坡沉降开始加剧，在中建台地 T_4^0之上发育高频高连续的波组，一直延续至海底。这种波组特征是典型的深海、半深海披覆沉积的特点。表明陆坡隆起带在 10.5Ma 之后沉降加剧。在琼东南盆地北部，T_4^0之上表现为一系列上超，反映当时该区地层的倾斜加剧。姚伯初[55]所做的沉降史模拟显示，本区主要的沉降发生在中新世中晚期，也反映了这种变化。在这种沉降背景下，首先表现为相对海平面上升，大部分地区转为半深海，而北部边缘发育大规模上超充填，海平面上升到最大时，发育覆盖全盆地的泥质沉积，表现为一组高频高连续的地震反射波组，对应于 T_3^1。此后海平面有大幅度下降，到 5.5Ma 时期达到最低，发育了大规模典型的海底峡谷。此后海平面迅速回升，在早上新世达到最高，此后震荡性缓慢回落。在这种情况下，陆源碎屑在斜坡上堆积形成大规模前积楔状体，并在琼东南盆地北部形成陆架坡折。

南海西北部陆坡经历了裂陷、缓慢拗陷和快速拗陷三个阶段，图 5-34 和图 5-35 分别为西北部陆坡东、西两条剖面的演化过程。从图上看，在断陷期和缓慢拗陷期，该区东西特征相似，而二者的差距主要表现在快速拗陷期，西部具有更充沛的物源供应，而东部物源相对缺乏。缓慢拗陷期整体相似是因为当时本区大部分均处于一个宽广的陆架之上，而快速拗陷期的差异则是在同一陆坡的不同位置的差异。其总体构造格局依然相似，沉积上各具特色。总体来说，南海西北部边缘经历了由宽陆架、窄陆坡向窄陆架、宽陆坡的转变，作为陆架与陆坡界限的陆架坡折在这个过程中经历了三个位置，发生了两次跃迁。中新世早期，陆架坡折形成时的位置在中沙隆起的南侧边缘；中中新世陆架南端，即现今的中沙海槽一带开始下沉，陆架坡折转移到西沙隆起南缘；晚中新世陆坡进一步沉降，在琼东南盆地北坡发育进积楔状体，形成新的陆架坡折，从而完成了由宽陆架、窄陆坡向窄陆架、宽陆坡的转变。

2. 南海西北部陆坡横向扩展

1)分离不整合的横向扩展

陆坡的演化并非均匀变化，同一大陆边缘，不同地区的陆坡形成时间并不相同。如南海北部大陆边缘的中、东段边缘陆坡形成于 30Ma 左右，西段陆坡形成于 23Ma 左右。

在同一段内，其形成时期也有差别。本书通过对分离不整合的识别对比，分析了南海北部大陆边缘陆坡初始形成的历史。

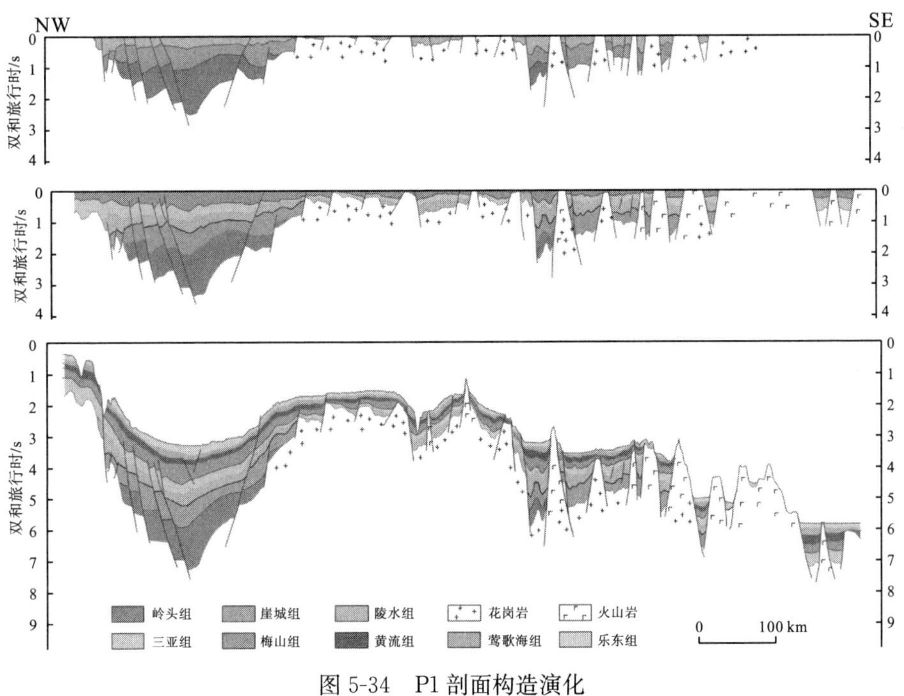

图 5-34　P1 剖面构造演化
(剖面位置见图 2-1)

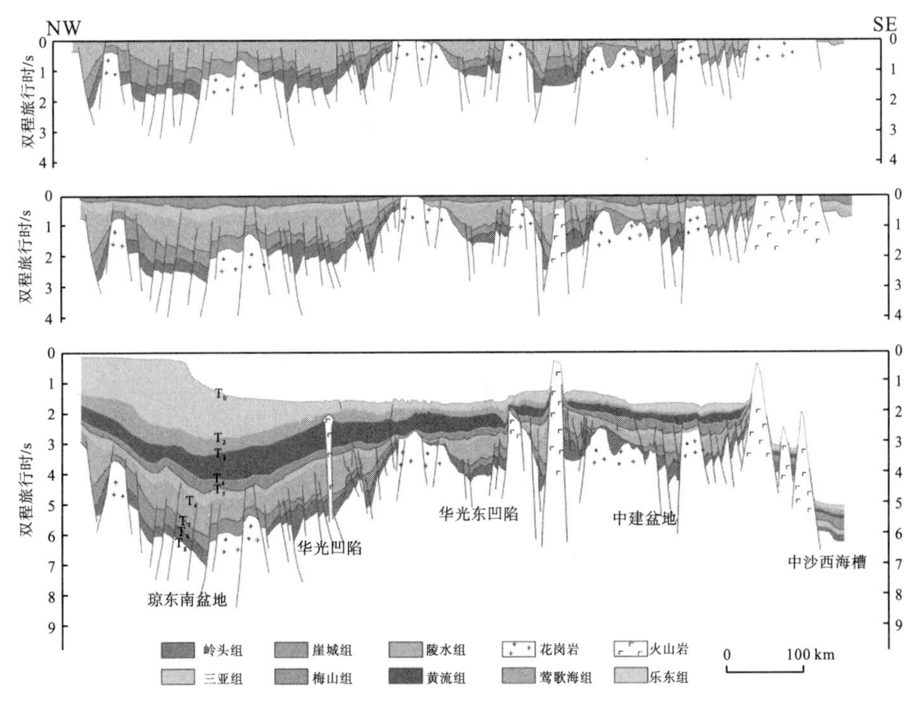

图 5-35　P2 剖面构造演化
(剖面位置见图 2-1)

前已述及，南海西段、中东段的扩张演化是统一的动力学系统内的不同阶段。相对西段来说，东、中段资料较为丰富翔实，东段的扩张模式对西段的研究具有一定的指导意义。

中、东段的扩张从渐新世中期(30Ma)开始，对于其扩张的横向扩展模式、发展过程的研究，多是依据洋壳磁条带的研究进行的[39,55,76,96]。本书在研究中采取了另外一种思路，即从南海的扩张及其在陆坡的沉积响应关系入手，研究其响应模式，并在此基础上研究南海的扩张模式。

南海 ODP1148 站位的沉积记录显示[154]，对于北部边缘中段来说，剧烈变化开始于29.9～29.4Ma 之间，在这个过程中，Al_2O_3含量以及 MgO 的含量均有明显上升，同时SiO_2含量则有明显下降(图 5-36)。从沉积速率看(图 5-37)，这阶段陆源与海相物质沉积速率均明显增高。而随着扩张的发展，沉积速率明显下降，28.5～24Ma 期间是沉积速率缓慢、沉积间断明显的一个时期。1148 站沉积物中大多数主量元素和微量元素含量在此期间发生明显的“跳跃式”突变。主量元素如 Al_2O_3、MgO 和全铁 FeO(T)含量在这一层段明显降低，而 460～488m 上下层段 MgO 含量均超过 1.5%，FeO(T)含量在 3%以上。MnO 的相对含量增高，远远高于地壳平均值，说明存在自生的 MnO 沉积[154]。据此估算的 SiO_2含量表明沉积物存在大量自生硅质沉积物。沉积速率则表明在此期间沉积速率低，存在四次沉积间断。参考中央海盆西部的海底磁条带计算得到海底扩张速率及年代对应关系(图 5-38，5-39)。结果显示，低沉积速率时期以及沉积间断时期与海底扩张速率快速变化的时期一致。而在海底扩张速率基本稳定时期，陆坡沉积速率可基本维持在一个较低的水平。

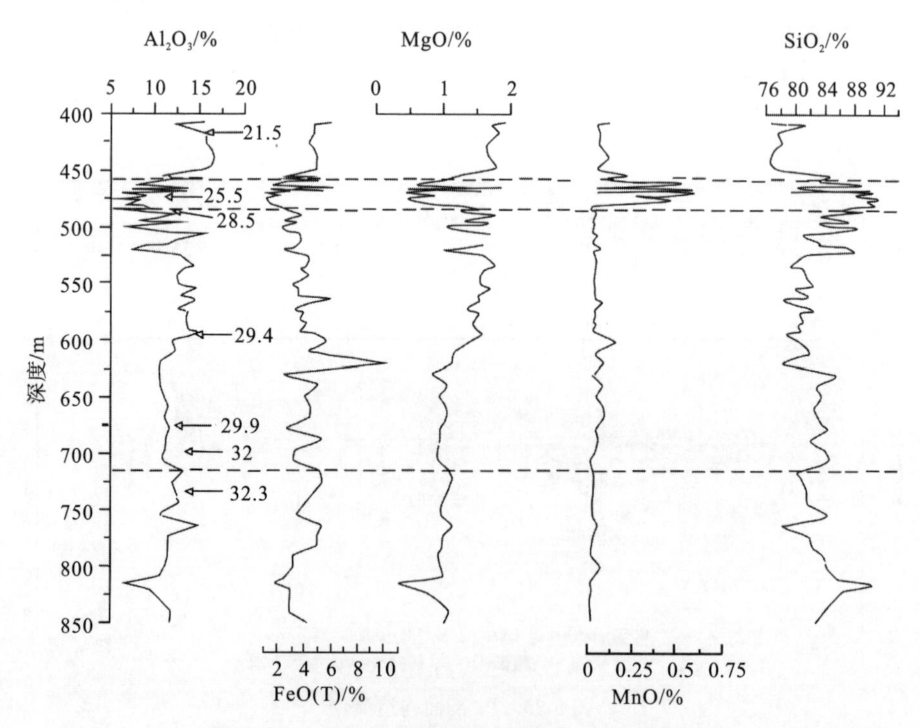

图 5-36　ODP1148 站渐新统地球化学含量变化[154]

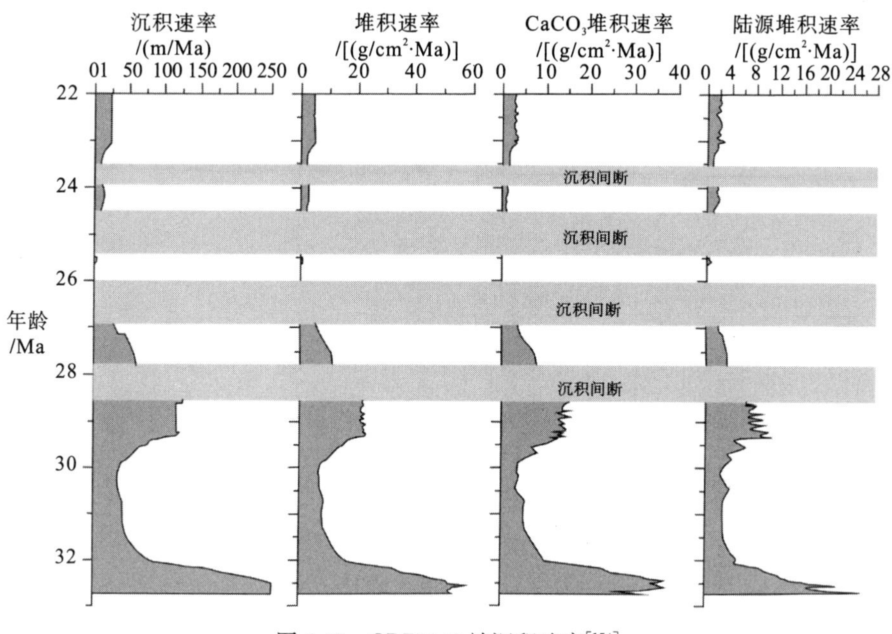

图 5-37　ODP1148 站沉积速率[154]

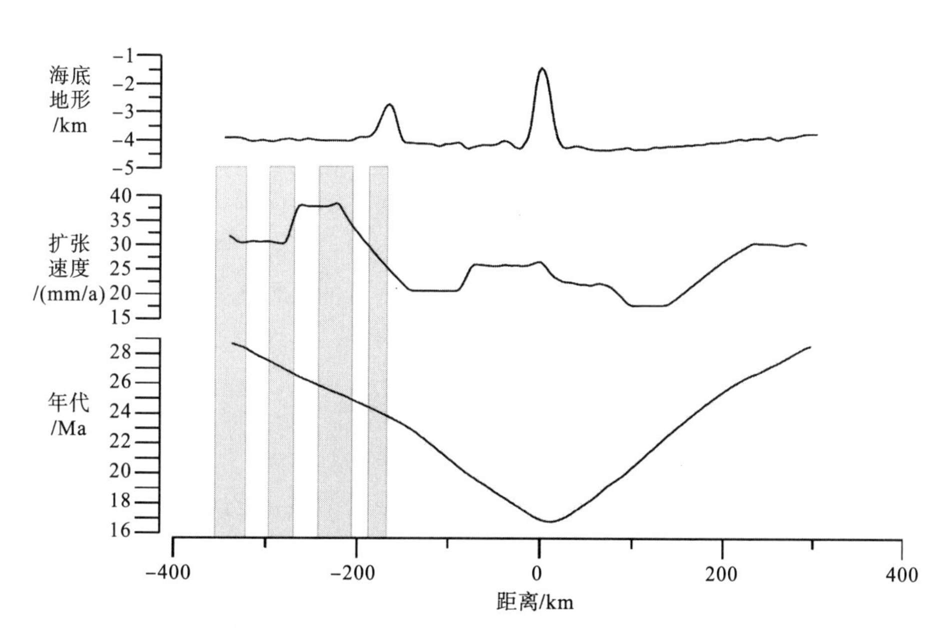

图 5-38　中央海盆西部(白云凹陷—礼乐滩)扩张速率(数据来自文献 [155])

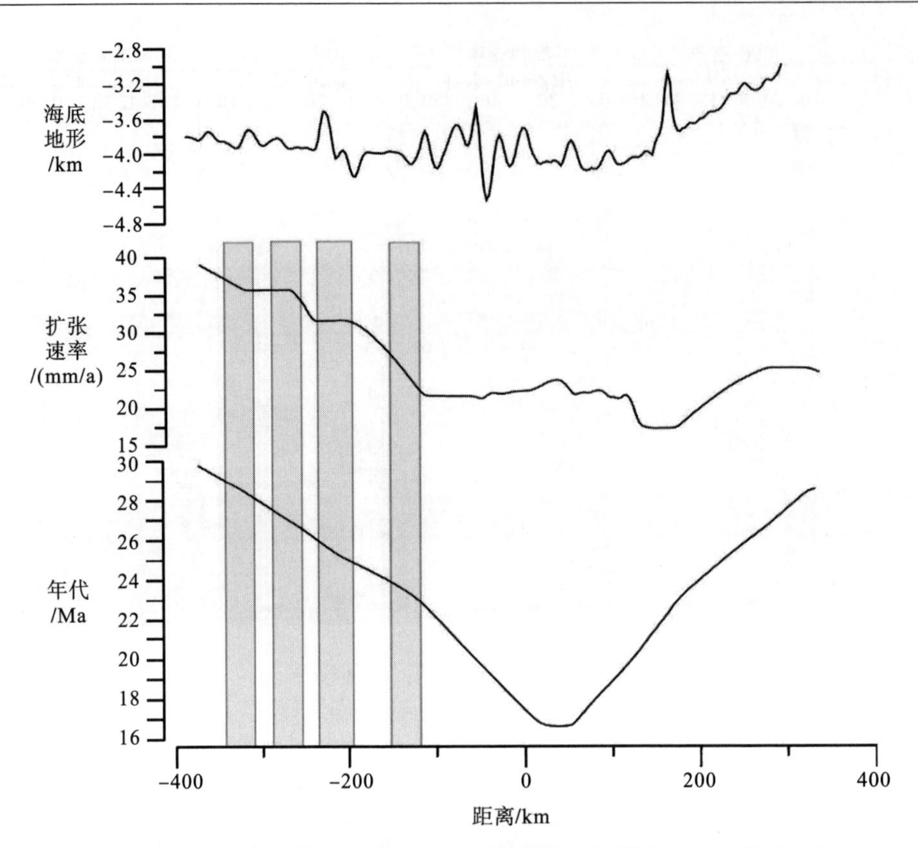

图 5-39　中央海盆东部(东沙隆起—巴拉望)扩张速率(数据来自文献 [155])

由此，可对南海中段海底扩张及沉积响应关系进行总结。与典型被动陆缘不同，南海扩张并没有形成一个明显的构造肩并长期遭受剥蚀。在初始扩张时期，构造变动导致较高的沉积速率，包括了陆源物质和海相物质。但随着扩张的进一步发展，陆坡区沉降逐步转为以热沉降为主，沉积速率降低。但这个过程中，海底扩张的舒缓与加剧仍然能够影响陆坡的沉积速率。1148 站的沉积记录显示，在低的沉积速率背景下有多次沉积间断，推测与南海中央海盆扩张过程中扩张速率加剧有关。在这个过程中分离不整合的显示主要表现在最初期，高的沉积速率与边缘的剥蚀相对应。在此后陆坡区并没有明显的隆升剥蚀，陆源物质与海相沉积物共同发育。

总体看来，南海东、中段分离不整合的显示并不十分强烈，多数时期以下沉接受沉积为主。主要堆积由初始扩张的快速堆积体组成，此后沉积速率缓慢，并在扩张加剧阶段伴随沉积间断。到扩张速率减缓到一定程度，上下波动较小的时期，沉积速率开始有一定上升。除了扩张初始的快速堆积以外，扩张变动时期的沉积缓慢，而扩张稳定时期沉积速率增高。

南海中、东段的海盆扩张横向扩展的记录主要体现在两个方面，一是陆坡上的分离不整合显示，二是海底磁条带的分布。

从分离不整合看，追踪解释南海中、东段两条北西—南东剖面(图 5-40，CD 段和 FE 段)及其联络线(DE 段)的分离不整合，发现中、东段分离不整合存在一定的差异：在白云凹陷剖面分离不整合 BT7′追踪到东沙隆起南侧时，其闭合点 Q 在东沙隆起分离不整合

BT7 的上部约 0.5s 处，而东沙隆起分离不整合 BT7 在 FE 段与 AB 剖面的闭合点 P 在 BT7′之下。这种差异显示了分离不整合并不是统一、均匀的，在大陆边缘的不同段，其分离不整合的发育时间不同，从而反映了海盆扩张的横向不均匀性。就南海东、中部来说，具有明显的东早西晚的特点。

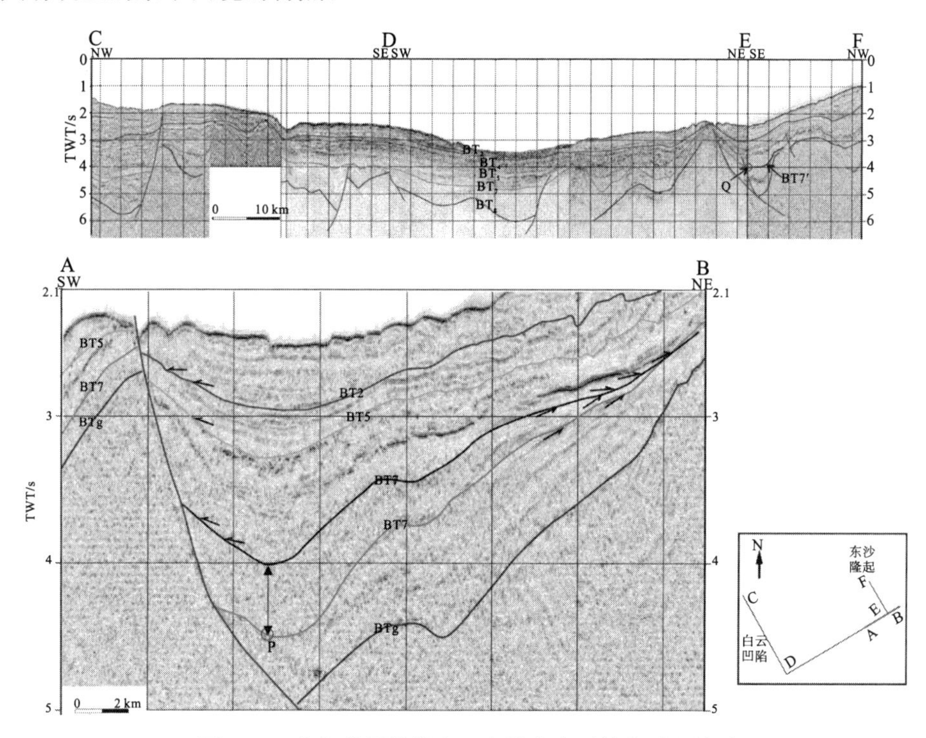

图 5-40　南海北部陆缘中、东段分离不整合对比关系

从海底磁条带的记录看，东段磁条带最早为 11 号磁条带，而中段为 10 号磁条带，表明东段扩张早于中段。

对于南海北部陆缘的西段来说，总体扩张时期晚于东、中段近 7Ma，二者之间存在一条转换断层，该断层向北延伸，到北部边缘这种边界转换为隆起区，称之为神狐暗沙隆起。该隆起东西两侧的分离不整合完全不同。对比南海扩张的时间，东、中段起自 30Ma，而西段起自 23Ma，但二者最终终止的时间基本一致，约 16Ma。从一个侧面反映了南海，包括西南海盆的扩张是处于一个统一的系统内的，只是不同段的扩张各具特色，时间不一。

西段的磁条带(图 5-41，5-42)显示扩张自东向西延伸，中沙隆起南侧最先破裂，逐步向西传递，呈剪刀状。与东、中段不同的是，西南海盆的磁条带东部较全，记录了初始的强烈扩张时期的历史，而西部的磁条带对强烈扩张阶段的记录较少。西南海盆东部与西部在后期的扩张速率上保持了较好的一致性，分离之后扩张速率逐步迅速降低，到 19Ma 扩张速率基本保持在 20mm/a，转而稳定，直到约 16Ma 海盆停止扩张。

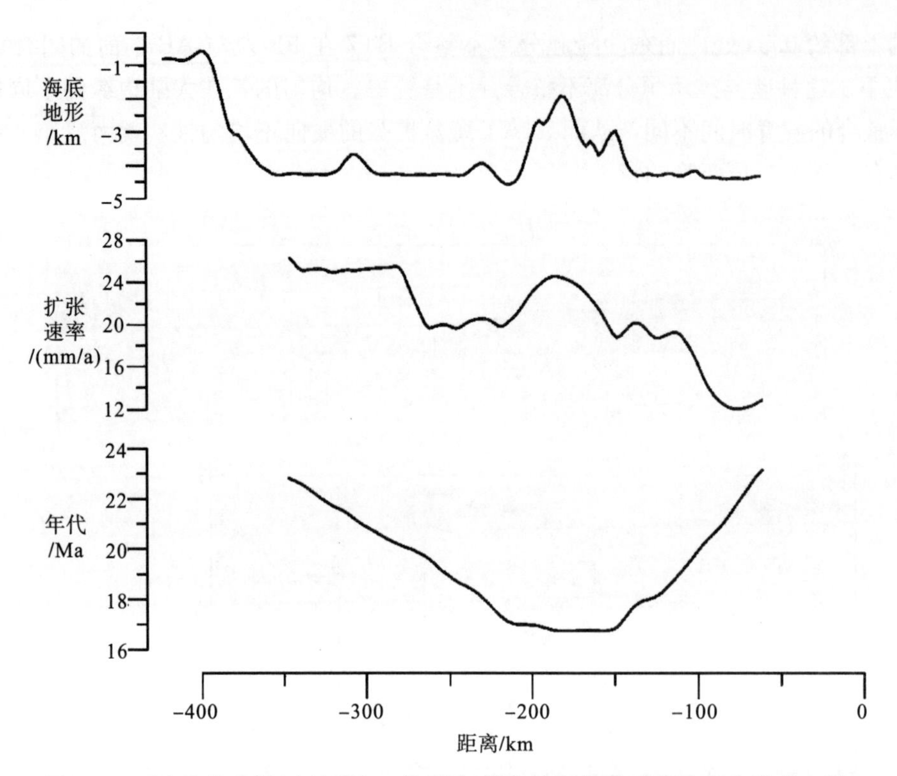

图 5-41　西南海盆东部(中沙群岛—礼乐滩西侧)扩张速率(数据来自文献［155］)

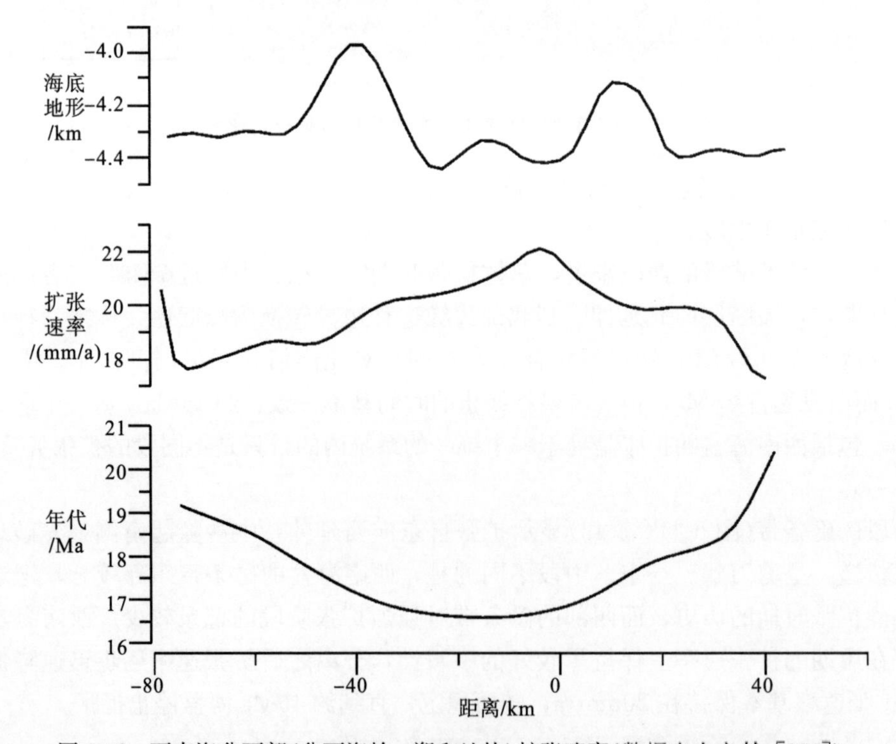

图 5-42　西南海盆西部(盆西海岭—郑和地块)扩张速率(数据来自文献［155］)

由于缓慢拗陷期整体厚度较薄，在西北部陆坡区东、西部地震剖面上识别的分离不整合无法分辨早晚，但从不整合的发育特征看，东部中沙海槽北坡显示了强烈不整合，下伏岩层以高角度被 T_6^0 削蚀，削蚀地层可达陵水组中下部。而西部分离不整合削蚀不强烈，在中建隆起上，T_6^0 表现为低角度削蚀，削蚀幅度仅限于陵水组顶部(图 5-43)。综合区域地质认识，有理由认为西南海盆的扩张起自东部，并向西扩展。表现在分离不整合上就是东部拉张大，时间长，因此具有较明显的削蚀，而西部则拉张小，削蚀幅度弱。另外，西南海盆的扩张当中虽然也有分离不整合的剥蚀，但是与南海北部陆缘的中、东段类似，都没有形成大面积的巨型隆起(构造肩)并长期遭受剥蚀，更多地表现为沉降接受沉积。二者的区别在于西段远离大陆，物源有限，同时在不均匀的刚性基底的影响下，初始下降幅度有限，因此在缓慢拗陷阶段沉积较薄。

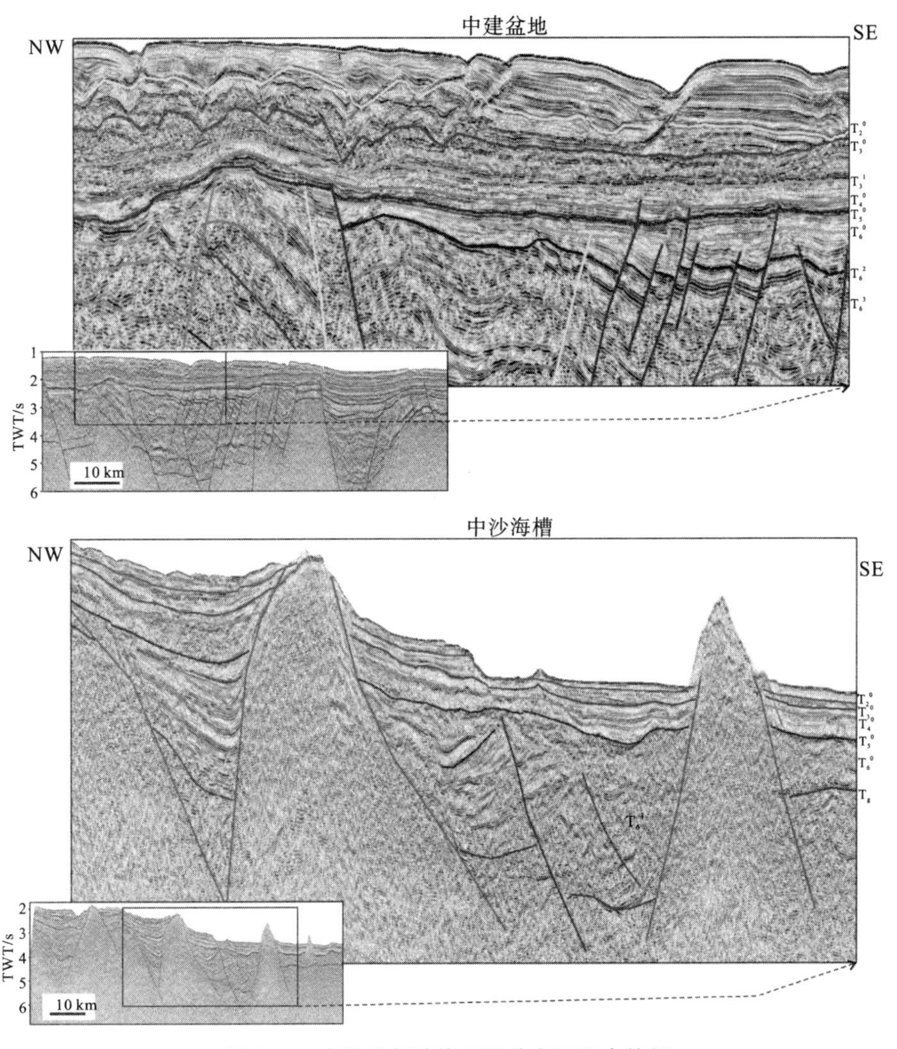

图 5-43　南海北部陆缘西段分离不整合特征

2)向北跃迁后的陆坡横向扩展

前已述及，在 10.5～5.5Ma 及之后的时间，南海西北部陆缘的陆架坡折从西沙南坡向北跃迁到海南岛南部。这次跃迁是在构造沉降与北部陆源碎屑堆积的双重作用影响下形成的。因此，要形成这一陆架坡折须有两个基本条件：一是构造沉降导致坡度增大；二是北部陆源沉积物堆积，并在前者的影响下形成巨大的进积体，从而在整体沉陷背景下形成局部沉积隆起，导致了陆架与陆坡的分异。

关于北部边缘陆架坡折形成的时代，江涛[139]曾进行了系统研究(图 5-44)，认为松南地区早在早中新世就形成了陆架坡折；崖南及乐东区形成陆架坡折的时期较晚(10.5Ma)；宝岛地区陆架坡折形成最晚(5.5Ma)。但是，若以前述的两条陆架坡折形成的条件论来加以分析，前积的形成并不能作为陆架坡折形成的充分条件，因此这一论断仍需要调整。

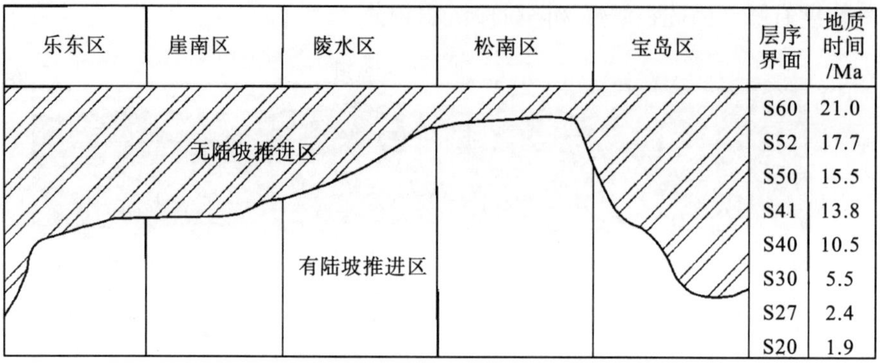

乐东区　崖南区　陵水区　松南区　宝岛区

无陆坡推进区

有陆坡推进区

层序界面	地质时间/Ma
S60	21.0
S52	17.7
S50	15.5
S41	13.8
S40	10.5
S30	5.5
S27	2.4
S20	1.9

图 5-44　琼东南盆地北坡陆坡推进历史[139]

由图 5-45 得知，研究区沉降分为三个阶段，分别对应断陷期、缓慢拗陷期、快速拗陷期。从沉降幅度看，西部明显大于东部，中央(乐东凹陷)大于边部(崖南凹陷)。

陆源前积体的发育需从地震剖面识别(图 5-46)。自西向东，各个凹陷的前积体特征不一，发育时代也不尽相同。在西部乐东段由于靠近红河物源，陆源物质向盆地进积幅度较大，前积顶端坡折的连线角度缓，反映地层以叠置前积为主，物源相对充沛的特征。陵水段与松南段表现为进积和加积的特征，相对来说松南段加积特征更加明显。到宝岛凹陷，基本以加积为主，T_4^0以上的界面在剖面上以发散状向南散开，地层北部薄南部厚，在陆架坡折外缘多表现为高角度的滑塌堆积。从陆架坡折发育的时间看，基本以 10.5Ma 为初始，陵水段目前资料显示 T_4^0以上未见到明显的前积，但从发育趋势看仍然是 10.5Ma 起始发育明显前积。从发育情况看，乐东段 10.5Ma 开始发育大规模的前积，坡折明显；陵水段、松南段 5.5Ma 开始发育大规模前积；宝岛段 T_4^0～T_3^0之间地层厚度变化大，楔状体最明显，推测 10.5Ma 后即开始发育大规模前积。

综合盆地沉降及沉积充填认为，如果一个地区既有明显的斜坡地形(盆地掀斜沉降)，又有明显的大规模前积发育，同时出现了明显的沉积坡折，就可以判断其已经形成了陆架坡折。据此判断，琼东南盆地北部 10.5Ma 之后开始发育陆架坡折，但各地区形成陆架坡折的时期不同。乐东段、宝岛段的陆架坡折形成较早，于 10.5Ma 开始发育；而陵水段、松南段稍晚，于 5.5Ma 开始发育。

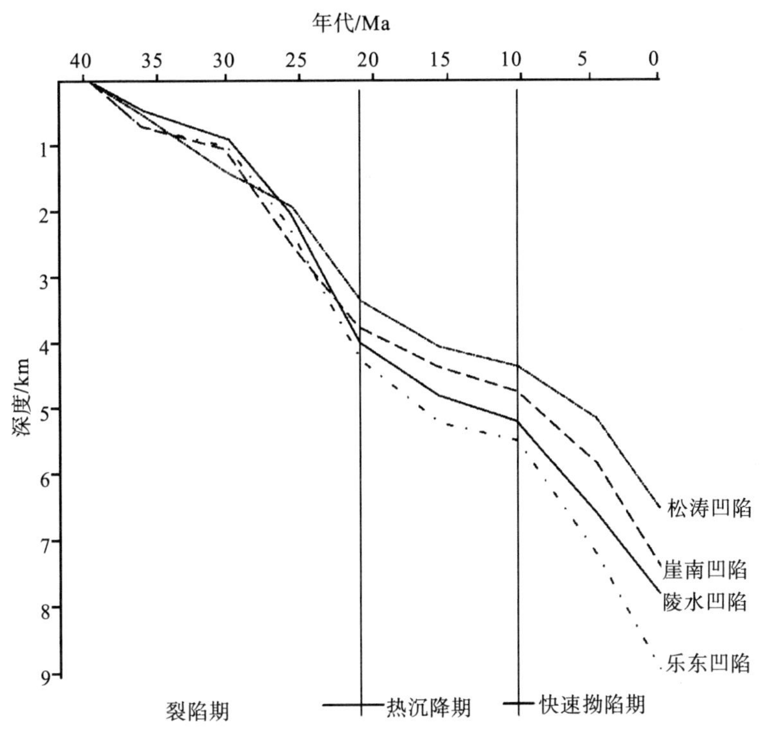

图 5-45 琼东南盆地北部沉降曲线

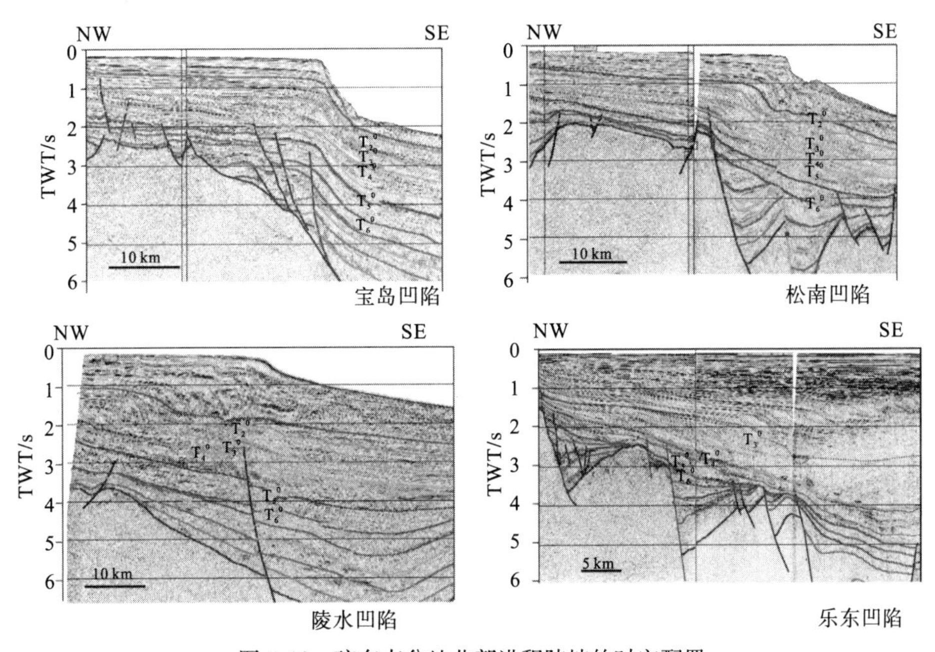

图 5-46 琼东南盆地北部进积陆坡的时空配置

第6章　沉积特征及演化规律

本章首先分析了南海西北部陆坡区的主要沉积相类型及其地震相特征，讨论了西北部陆坡区古地貌特征，总结其沉积演化规律，进而对典型沉积特征与演化进行了深入剖析，总结了陆坡调整的模式。

6.1　主要沉积相类型及其地震相特征

6.1.1　典型沉积体及其地震相

晚白垩世以来，南海西北部陆坡区总体上表现为一个从陆相到浅海再到半深海的演化过程，自下而上依次发育了始新世冲积扇-河流体系、近岸水下扇-扇三角洲-湖泊体系、渐新世近岸水下扇-扇三角洲-局限浅海体系、扇三角洲-半局限浅海体系、中新世三角洲-潮坪-半局限浅海体系、缓坡碳酸盐岩台地-开阔浅海体系、海底扇-下切谷-孤立碳酸盐岩台地-半深海体系和上新世以来的进积陆坡-淹没碳酸盐岩台地-半深海体系。

总体看来，从陆地环境到半深海环境，从碎屑岩沉积体系到碳酸盐沉积体系均有发育，沉积类型十分丰富。

1. 冲积扇及近岸水下扇

冲积扇及近岸水下扇发育位置多为箕状断陷的边界同生断层或断裂带的陡坡一侧，单个扇体在剖面上呈楔状或透镜状，平面上呈扇状。不同方向的剖面具有不同特征：在垂直物源的方向上，表现为双向下超前积；在平行物源方向上，表现为杂乱前积反射，扇体厚度明显大于周边同期沉积的地层，含砂率也明显高于周围地区。这种沉积体主要发育在初期裂陷和主裂陷时期，主要包括岭头组沉积期和渐新世崖城期。

2. 扇三角洲/三角洲

扇三角洲与三角洲具有很多相似的特征，区别在于扇三角洲主要分布在箕状断陷边界同生断层的下降盘，是由近源的山间洪水携带大量陆源碎屑直接冲入浅水区卸载堆积而成，兼具冲积扇和三角洲的地震相特征。

在地震剖面上，前积是二者的典型特征。扇三角洲前半部与后半部地震反射有显著差别。后半部多见杂乱前积构型，前半部各种前积构型均可能出现，横剖面上可出现双向型前积构型或波状反射构型。三角洲前积构型以S形前积、斜交前积为主，底积层发育，反映沉积物包含较多细粒物质。

3. 滨岸—潮坪

滨岸沉积在地震剖面上表现为超覆，其内部同相轴多为强振幅高连续平行反射。潮上泥坪沉积环境能量较弱，因此，一般在地震剖面上多为弱振幅低连续席状反射。

4. 生物礁

生物礁在地震剖面上的标志特征有直接和间接两类。直接标志包括外部形态和内部组成，其中外部形态表现为丘形和透镜状反射外形，礁的边缘常出现上超及绕射等特有的地震反射现象；内部组成表现为振幅、频率和相位的连续性及结构与围岩有较大的区别，生物礁内部反射波较为杂乱或无反射。间接标志表现为生物礁的上方有披盖现象。由于速度差异，在礁的部位常出现上拉或下拉等现象。而生物礁反射的一般特征常归纳为 3 个方面：①反射波组的连续性改变，反射层终止或减弱；②顶部有强反射，内部反射紊乱或为弱反射；③顶底时差增大，一般在隆起高部位厚度增大。

本区生物礁的主要地震反射特征如下。

(1)在地震剖面上呈丘状或透镜状凸起，规模大小不等，形态各异，有的呈对称状，有的呈不对称状，这与礁的生长环境及所处的地理位置有关。

(2)生物礁的上覆地层多为泥岩，与礁灰岩之间存在明显波阻抗差，故出现强振幅反射相位。生物礁的底面多与砂岩接触，波阻抗差相对小，故底部反射界面明显要弱，连续性变差。

(3)内部反射：生物礁是由大量造礁生物和附礁生物所形成的块状格架地质体，不显示沉积层理，故礁体内部呈杂乱反射、弱反射或无反射。但是当生物礁在其生长发育过程中，伴随海水的进退而出现礁、滩互层，地震上表现为层状反射。

(4)礁体上覆地层一般出现披覆构造。一方面由于生物礁厚度较之周缘同期沉积物有明显增大，另一方面礁灰岩的抗压强度远超过周围砂泥岩，所以在礁体顶部由差异压实作用而产生披覆构造，其披覆程度向上递减。

(5)礁体底部会出现上凸或下凹现象。礁体速度大于围岩时，底部呈上凸状，反之则呈下凹状。上凸或下凹的程度与礁体厚度及二者波阻抗差的大小成正比。

生物礁反射异常预测模式有其局限性。国内外研究表明：很多生物礁不能观察到礁异常反射，而很多具有异常反射特征，但钻井落空。因此，根据地震相特征预测生物礁存在多解性。图 6-1 展示了隆内斜坡带的一个生物礁实例，礁体主要发育在高部位，具有顶部加厚的建隆特征。

5. 碳酸盐岩台地及其斜坡

研究区发育多个碳酸盐岩台地，主要表现为平行、亚平行反射，台地边缘可见生物礁建隆，而侧翼以大型的前积反射为特征。

6. 潮汐砂脊

潮汐砂脊(tidal current ridges)的经典实例是由 Theodore[156] 刻画的，一般长 5～

40km，高 8～30m，宽 1～6km，砂脊走向与潮流运动方向一致，成群出现，其物质多为砂，也有泥或粉砂。潮汐砂脊在珠江口陆架上也有相当范围的分布。本区典型的潮汐砂脊发现于华光凹陷，在三维区的属性图上可以看到有很多平行分布、条带状的地质体(图 6-2)。

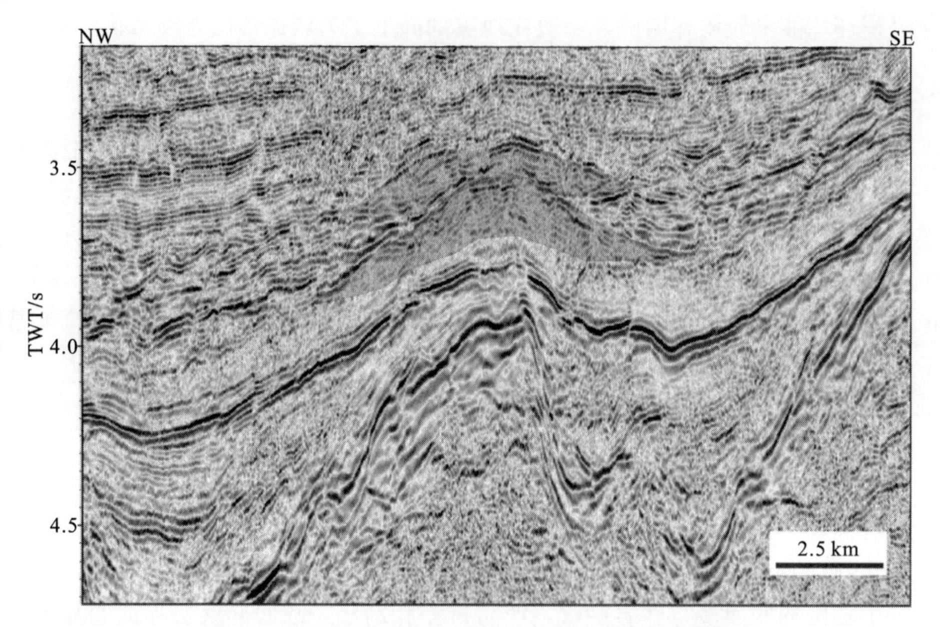

图 6-1　隆内斜坡带北礁低凸起生物礁地震反射特征

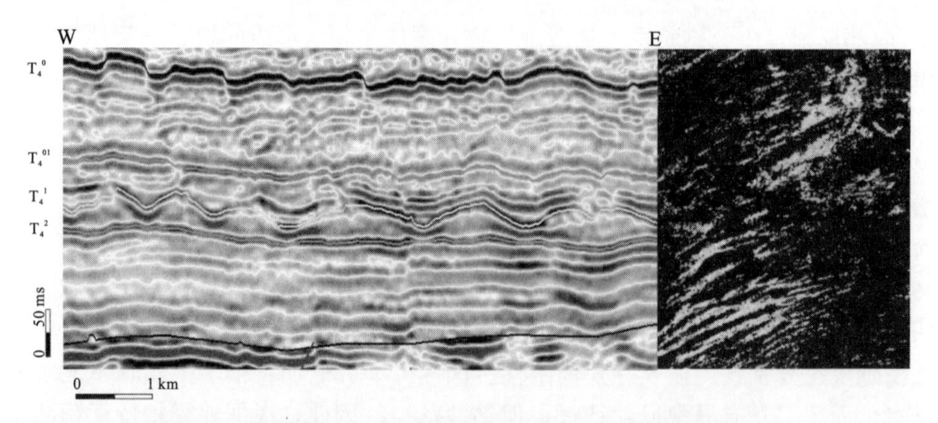

图 6-2　华光凹陷梅一段潮汐砂脊的地震属性及典型剖面特征

7. 海底扇及海底峡谷/水道

海底峡谷以侵蚀充填反射构型为基本特征。由于海底峡谷的切割作用，两侧的反射明显中断。峡谷充填多为强反射，向两侧上超接触。它们是在海平面明显下降期侵蚀下切，随后在海进期被充填而形成的。

海底扇在垂直物源方向的地震剖面上一般具有丘状外形，内部表现为双向下超、杂乱等反射特征；在顺物源方向上，一般具典型的前积反射构型。

6.1.2 主要泥质非骨架相及其地震相特征

1. 深湖—半深湖

北部湾盆地流沙港组稳定泥岩段一般为弱振幅高连续性反射，珠江口盆地文昌组砂泥互层一般为中-强振幅高连续性反射。参照以上实例，可依据振幅强弱变化分析沉积旋回。一般每个旋回的下部往往是粗碎屑充填，向上变细，因此在本区以大套中强振幅高连续反射作为始新统深湖-半深湖泥岩段的标志。

2. 局限浅海

本区一个重要特征就是海相断陷，长时间发育局限浅海，其地震相特征主要表现为中强振幅高连续平行席状相。根据区域钻井资料确定区域地质背景，结合古地貌进行分析，依据断陷之间的连通性来推断，琼东南盆地北部坳陷在崖城组及陵水组沉积期已为局限浅海的背景，推测本区大部分在渐新世进入海相环境，早期水体连通不是很畅通情况下多发育局限浅海。

3. 半深海沉积

半深海沉积多为水动力较弱的环境下形成的沉积，以泥质沉积为主，在地震剖面上为中振幅高连续性平行席状相。

4. 海岸平原

海岸平原多发育在平坦缓坡之上，地震表现平行、亚平行弱振幅反射。海岸平原是滨岸带煤系地层的主要发育区，在崖城凸起周边有多口钻井证实。根据钻井显示，南海西北部煤层多以煤线状态赋存，厚度 1～2m[63]，因此很难产生强反射。在这种情况下，海岸平原多表现为平缓地形上的薄层的弱振幅反射。

6.2 南海西北部陆坡古地貌特征

在大区域综合对比解释基础上，对本区各个构造层序的古地貌进行恢复，结合地貌与地震反射构型分析沉积物源方向，以此作为沉积相研究的参照。

6.2.1 裂陷阶段古地貌特征

在断陷早期，各个凹陷分隔性较强，表现为整体隆起剥蚀背景上的陆相断陷盆地群，其物源来自断陷周边的凸起。随着裂陷进一步演化，断陷越来越多地体现出坳陷特征，整体性增强，同时海水入侵，发育海相断陷。

从分带对比角度看，陆坡坳陷带断陷面积大、深度大。隆内斜坡带西部较深，中部是在低凸起背景上的断陷，深度较浅，但北礁凹陷东部相对有一定深度。北礁低凸起以东资料较少，从现有资料看为一系列顺向断层(图 5-27，P1)，断陷盆地较少。陆坡隆起带有大片隆起剥蚀区。在此背景下，隆起区发育大面积的浅盆断陷以及小型半地堑，水深较浅。隆外斜坡带的断陷期与陆坡隆起带特征基本相同，但局部发育深裂陷，呈北东向展布。图 6-3 中断陷深度大致在 0～6000m 范围内，蓝色越深表示断陷深度越大，由图中各个凹陷的颜色深浅可明显看出各个带的盆地深浅、大小等大致特征(图 6-3)。

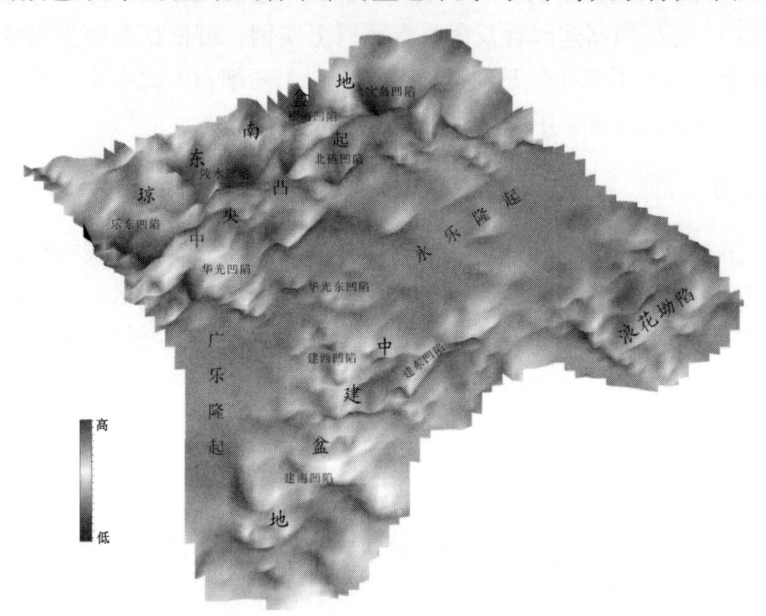

图 6-3　南海西北部陆坡区裂陷期古地貌模式图

6.2.2　缓慢拗陷阶段古地貌特征

在该阶段，水体面积急剧扩大，并扩展到全区，形成广阔的浅海陆架，只是各地水深各异。这种环境持续了 10Ma 以上。

图 6-4 中表示的深度范围在 0～2000m，北部琼东南盆地为深度较大的浅海，南部浪花坳陷早期为浅海，后期下沉为半深海，水深估计达到 1000m 以上。关于这种基底沉降导致陆架坡折的迁移现象在上一章已经有详细论述，这里将不再赘述。陆坡隆起带为大面积的碳酸盐岩台地(绿色)及台地间水道(白色－浅蓝色)相间分布的地区。在隆内斜坡带发育浅海(浅蓝)，水深较浅，并伴有大规模的浅海潮汐砂脊。

6.2.3　快速拗陷阶段地貌特征

该阶段随着盆地拗陷，各单元水深加大，只是程度有差异。目前估计，琼东南盆地沉降幅度在 5000m 以上，西沙海台在 1000m 以上，而西沙海槽沉降幅度在 5000～6000m。由于琼东南盆地接受同期红河水系及周边隆起的物质，沉积物堆积厚度很大，造成实际水深仅 1000～2000m。

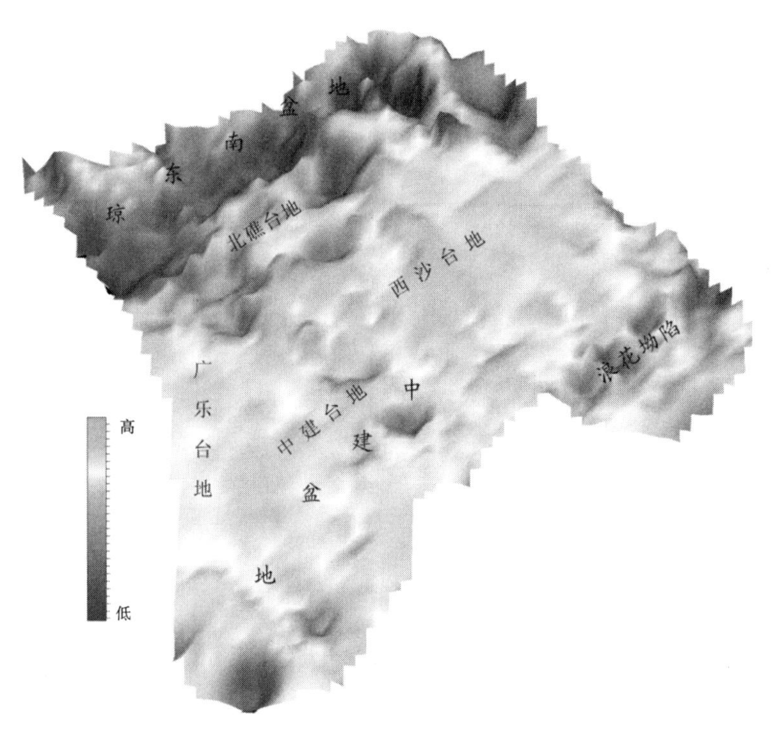

图 6-4　南海西北部陆坡区缓慢拗陷期古地貌模式图

在地貌上，北部最典型的特征是形成了规模宏大的陆架－陆坡进积楔，陆架坡折已经推进到乐东凹陷中心地带。陆坡隆起带的广大碳酸盐岩台地在沉降过程中多经历了加积－追补－淹没的过程，形成了巨厚的碳酸盐岩沉积。这些台地被淹没，沉入水下形成水下高地，后期又因强烈的火山作用而形成了众多高耸的海山。这些海山如果达到水面则发育小型碳酸盐岩台地。岩浆活动的剧烈程度以及岩浆岩侵出相的发育程度取决于这种海山数量的多少。从图 6-5 中可看出，中沙海槽这种海山林立，反映该地岩浆活动更为强烈。

在海平面附近，海山因发育生物礁而逐步平坦，随着构造沉降，海山上发育的小型孤立台地也经历了加积－追补－淹没的过程，形成一系列的水下平顶山。宽缓的水下高地之上，一系列柱状海山伸向水面，形成了今天的西沙群岛和中沙群岛的基本形貌。

在西侧的广乐隆起，同样经历了加积－淹没的过程。从现存记录看，其整体性长期保持，这与本区相对稳定的构造环境有关。在加积过程中该隆起曾经长时间维持这种环境，致使晚期台地周边发育大量沉积楔状体，但同期台地并没有明显的向上加积。从地形上看，广乐隆起是本区西部主要的物质供应区，其影响范围可达中建岛。西部的广乐隆起与东部的西沙隆起之间形成了一条巨大的海底峡谷，沟通了琼东南盆地和西沙南部海域。

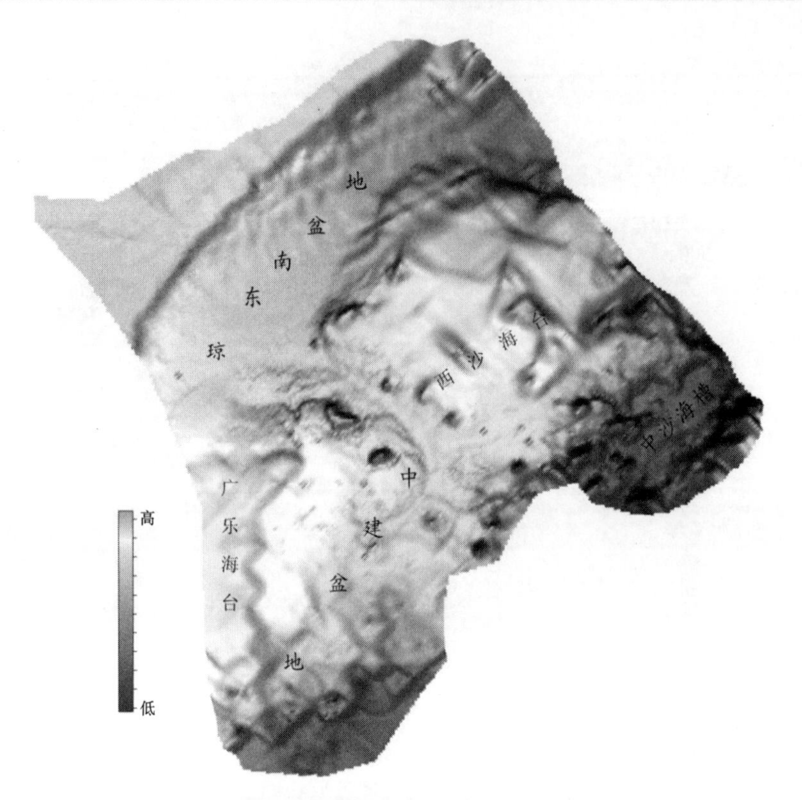

图 6-5　南海西北部陆坡快速拗陷期地貌模式图

6.3　南海西北部陆坡沉积演化

南海西北部陆坡区经历了 3 个构造层序的演化，各个构造层序内部又分为不同的阶段(见第三章)。每个构造层序内的构造古地貌背景和物源条件都有本质区别，因此，其各个阶段的沉积演化特征也不同。

6.3.1　裂陷期的沉积演化

研究区在裂陷期经历了由陆到海、由浅到深、由分隔到统一的一个完整演化过程。在这个过程中，形成多套以超削不整合面为界的地层单元，表现为幕式活动的特点。每一幕都是一个完整的盆地演化旋回中的不同演化阶段(图 6-6，A)。

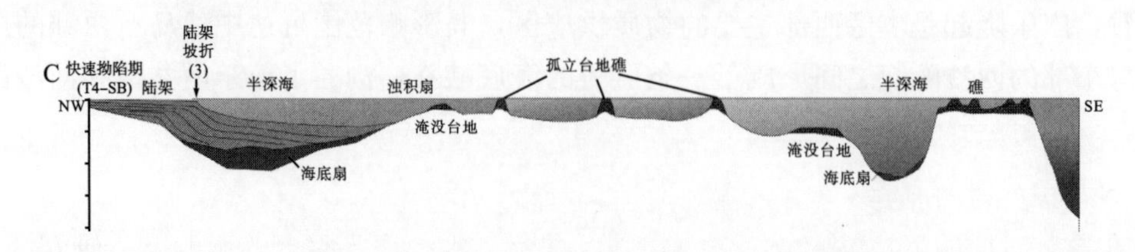

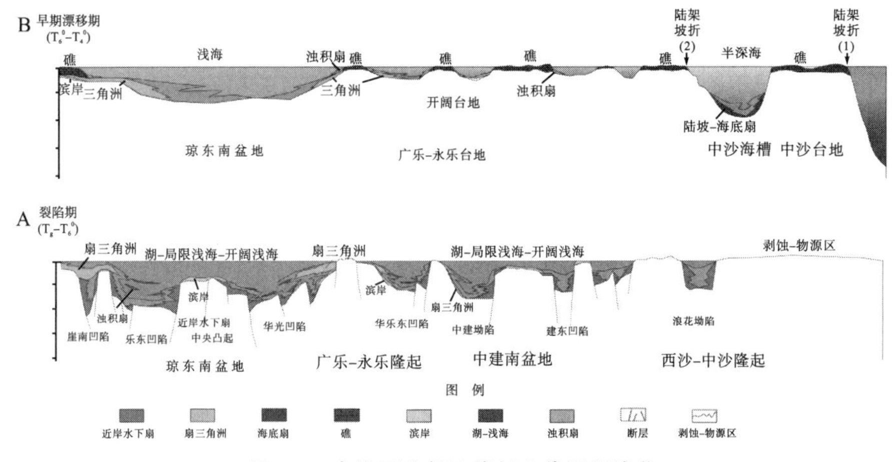

图 6-6　南海西北部边缘新生代沉积演化

裂陷初期(始新世)首先形成一系列相互分隔的断陷，这些断陷各自都是一个沉降-充填系统，其物源来自周边陆地或凸起，主要为陆相粗碎屑充填沉积。随着断陷进一步发展，发育中深湖相及近岸水下扇、扇三角洲等。

崖城组沉积期，海水开始间歇式侵入裂陷中，从而形成了断陷背景下高分隔性的局限浅海与隆起区相间分布的格局。该时期特点是断裂活动强烈，古地形复杂、坡度大、近物源。在凹陷内部，受一些北东向的次级断裂影响而呈现凸凹相间分布的格局，常发育近岸水下扇-扇三角洲沉积，深洼区则为局限浅海，在凹陷缓坡常常形成薄层的滨岸体系，特别是海岸平原，为煤系地层发育的良好场所。

陵水组沉积期，断裂活动明显减弱，沉降的整体性增强，进入断拗转换阶段。低凸起基本被海水淹没，沉积区扩大到坳陷的规模，形成半局限-开阔浅海。物源来自盆地间的大型隆起以及盆地内部隆起的高部位，发育了扇三角洲和滨岸体系。与下伏局限于断陷当中的扇三角洲、近岸水下扇不同，这些三角洲处于整体性强的大面积的盆地当中，规模较大、横向延伸远，往往横跨多个断陷。另外，在部分缓坡地带大面积发育滨岸体系，在水下凸起的高部位常发育水下沙洲等。

6.3.2　缓慢拗陷期沉积演化

在这一阶段，由于西南海盆开始扩张，应力集中于扩张中心，而在靠陆一侧的广大地区则构造活动微弱，以整体均匀沉降为主，形成宽阔的陆架。但是在研究区南侧，靠近西南海盆的部位构造沉降显著。三亚期西南海盆扩张，在中沙地块南缘-盆西海岭一带形成窄陡的断裂型陆坡(图 6-6，B-陆架坡折①)，到梅山期由于研究区南部沉降和中沙海槽的进一步发育，陆架坡折跃迁到西沙隆起南缘(图 6-6，B-陆架坡折②)，陆架坡折南侧中沙海槽、盆西海岭、中沙地块则处于陆坡区。

在这一时期的沉积可以分为两个阶段。早期，在分离不整合的影响下，研究区仍然有较大的剥蚀区，地形高差相对较大，在隆坳过渡带往往发育了以碎屑岩为主的三角洲和滨岸体系。后期，随着盆地整体沉降，隆起区沉入水下，使得研究区大部分地区缺少陆源碎屑供应，大部分地区主要为海相碳酸盐岩沉积环境。因此，在大陆一侧由于有陆源碎屑物质供应，发育碎屑岩滨岸相和三角洲相。北部边缘部分地区也发育碳酸盐岩台地，如海南岛西南侧梅山组发育的大面积碳酸盐岩台地[63]。在南部陆架上发育碳酸盐岩台地或泥质陆架。西沙台地南缘陆架坡折以外为陆坡区，发育海底扇、斜坡扇等。在中沙等台地发育大规模生物礁，台地周边发育碳酸盐岩碎屑重力流沉积，往往覆盖在早期基底、三角洲、滨岸沉积之上(图 6-6，B)。

6.3.3 快速坳陷期沉积演化

前已述及，研究区由于基底固结弱、地壳减薄不均以及地幔隆起活跃等因素形成了具有隆坳相间、地形复杂的陆坡。在快速拗陷期，代表性地貌有海台、台缘斜坡和海槽等，总体上体现了陆坡坳陷带、陆坡隆起带和斜坡带在该阶段的宏观特征(图 6-6，C)。

北部琼东南盆地西部在 10.5Ma 就开始沉降，同时发育了红河扇，使得该区在形成陆坡的同时沉积了一套海底重力流体系。该时期是红河水系物源供给最为强烈的时期。随着北部陆源碎屑堆积成巨型进积体，产生了陆架、陆坡的分异(图 6-6，C-陆架坡折③)。海南隆起和红河物源为陆架及陆坡提供了较充足的物源，沉积速率明显加大，发育了巨厚的陆坡沉积体系，形成下切谷－海底扇体系。上新世—全新世，红河三角洲大规模推进，使得莺歌海－琼东南盆地西北部均填充为陆架，陆架坡折呈绕琼东南盆地的半弧形。陆坡区以滑动－滑塌产生的斜坡扇、海底扇及半深海泥质沉积为主。

在南部陆坡隆起及斜坡带，随着盆地整体沉降，形成了孤立碳酸盐岩台地、淹没台地和台缘斜坡沉积。随着盆地沉积，海水深度加大，原来的碳酸盐岩台地多被淹没，仅在部分地区礁体生长较快，能够赶上海平面相对上升的速率，或者在火山形成的海山顶部继续发育生物礁，形成一个个残存的小型孤立台地，中沙台地也是如此。因此，西沙群岛、中沙群岛的形成都是碳酸盐岩台地对海平面上升的响应，是在巨大淹没台地上由追赶型生物礁形成的一系列“柱子”。在陆坡演化过程中，有的“柱子”因为淹没而停止生长，形成海底平顶山，有的则一直延续至今。

6.4 典型沉积

6.4.1 海相断陷

在裂陷期，海相断陷沉积是本区最典型的构造－沉积单元。与陆相断陷盆地相比较，海相断陷的特征主要表现在以下几个方面：

1)物源方向

陆相断陷盆地的物源来自周边隆起剥蚀区，常常形成围绕盆地的多个物源区。海相断陷盆地的物源为盆缘的大陆或海水中出露的凸起区。因此无法形成类似陆相断陷湖盆的环状物源，而更多地表现为以凸起区为中心的发散式小物源。如松涛凸起崖城组－陵水组沉积期发育一系列围绕凸起分布的小型扇三角洲。中建盆地在广阔浅海的背景下，在盆地中心出露凸起带，凸起带西侧、北侧均有明显前积现象。

陆相湖盆往往水深较浅，如青海湖平均水深仅19m。相对而言，海相断陷盆地水深较大，松辽盆地多次海侵都对应了高水位的泥质充填。由于海相断陷往往具有较大的水深，同时物源充沛程度受到暴露剥蚀区大小的限制，因此其发育的扇体与盆地面积相比较明显偏小。例如，松涛凸起周边扇体大小一般只能达到凸起面积的十分之一左右(文献[63]，第一部分第三章)，而在渤海湾东营凹陷，扇体往往能伸入湖盆中央，扇体面积超湖盆的三分之一(文献［157］，附图)。从海相断陷盆地整体看，物源供应不够充沛，往往靠近盆地边缘高部位的断陷得到物源供应相对充足，而远离盆地边缘高部位的断陷主要靠盆地内部的局部物源区提供沉积物[150]。对于陆相断陷盆地来说，水深浅，可容空间相对较小，因此物源相对充沛，盆地边缘的物源往往是盆地沉积的主要物质来源。

2)沉积相

研究区海相断陷的主要沉积相包括冲积扇、海岸平原、近岸水下扇、扇三角洲、浊积扇、滨岸、浅海等。渤海湾断陷湖盆的沉积相主要包括冲积扇、近岸水下扇、扇三角洲、浊积扇、滨岸、浅湖、深湖、半深湖等。从沉积相类型看，海相断陷与陆相断陷类似，但相带展布区别明显。陆相断陷湖盆往往在陡坡带发育面积较小的冲积扇、近岸水下扇，而在缓坡带发育面积巨大的河流-三角洲沉积体系，沿着湖盆长轴方向也常发育轴向三角洲。对于海相断陷盆地来说，盆地地形与陆相断陷类似，但是否形成类似的沉积则受水深及构造活动强弱控制。如松南凹陷在断陷期表现为典型的半地堑，但是仅在陡坡带发育近岸水下扇、扇三角洲等沉积，在缓坡带则只发育海岸平原与滨岸，而不是大面积的三角洲。这与物源区有关，如果水深够大或者构造活动幅度较小，断陷造成的掀斜隆起出露很少或者形成水下高地而无法成为物源区。如松南凹陷陵4-2地区的钻井和沉积相分析表明，陵三段的沉积主要来自于陵4-2断块本身的翘起区，因此无法形成与陆相断陷类似的各种沉积相。由于可容空间较大，长轴方向也很难发育长距离的三角洲。如琼东南盆地晚渐新世裂陷前的水体较深，盆内除大型凸起之外，与断层活动相关的局部断块(崖21-1、崖13-1、陵4-2等)抬升，但大部分未形成剥蚀区，而是成为水下高地[150]。

3)主控因素

断陷盆地中控制沉积的主要因素有构造活动、水平面变化、物源、气候等。

冯有良等[157]认为陆相断陷盆地最主要的控制因素是构造活动。因为构造活动在很大程度上控制了其他因素的变化，如构造活动可以影响水平面变化，物源重新分配等等。对于海相断陷盆地来说，构造活动因素同样重要。但是有研究显示，局部构造运动只是控制层序地层的厚度和侧向分布，而海平面的变化才负责控制层序体系域的纵向分布。由此可见，滨海断陷盆地层序的形成主要受控于海平面的变化[158]。

另外，气候对陆相断陷盆地的影响远大于海相断陷。在陆相断陷盆地，由于相对封闭，气候变化往往引起湖盆水域范围的大面积消涨，对沉积相带的分布影响极大。渤海湾盆地东营凹陷在低位期三角洲往往可以伸入湖盆中央，而湖扩体系域三角洲仅以小范围分布在湖盆边缘，前后范围变化很大[157]。海相断陷与大洋连通，水体供应往往是无限制的，因此气候变化对海平面的影响反映在沉积上则不是很明显。如琼东南盆地高位期与低位期扇体分布范围的变化远不如东营凹陷变化剧烈[63]。

6.4.2　孤立碳酸盐岩台地的形成和演化

南海西北部新生代大面积发育碳酸盐岩台地，这已经为多口钻井所证实。“西琛一井”(终孔深度 802.17m)、“西永二井”(孔深 600.02m)、“西石一井”(孔深 200.63m)、“西永一井”(礁相碳酸盐沉积物厚达 1251m)等钻孔，尤其是西琛 1 井系统取心揭示的礁相地层表明，自中新世以来始终都有生物礁生长，说明南海自中新世以来一直都是碳酸盐岩台地发育的有利环境。本区自中新世以来发育了众多大小不一、形态各异的碳酸盐岩台地。

常见的碳酸盐岩台地有镶边碳酸盐岩台地、孤立碳酸盐岩台地以及淹没台地等等。对于南海西北部陆坡来说，其碳酸盐岩台地主要分布在陆坡隆起带及斜坡带上，均属于孤立碳酸盐岩台地。就南海西北部陆坡众多碳酸盐岩台地丰富的沉积现象来说，如此笼统归类不能充分体现其特征。而本书研究中注意到该区碳酸盐岩台地特征与其基底性质有很大关联，即构造因素在很大程度上控制了碳酸盐岩台地的形成及发育特征。

1. 构造背景对陆坡隆起带孤立台地的影响

南海西北部孤立碳酸盐岩台地是在不同类型基底之上发育而成的，具有明显差异，主要有以下三种情况。其一，碳酸盐岩台地直接覆盖在前寒武系基底之上，典型实例是西沙隆起和广乐隆起，二者是在古剥蚀隆起上随着海平面相对上升发育的碳酸盐岩台地，分布面积巨大，整体性强；其二，台地基底为断陷期形成的凸起，典型代表为北礁低凸起，基底岩层可以是前古近系或古近系、新近系沉积岩。这类台地往往范围不大，并且受构造活动影响较大；其三，台地的基底多为正地形的海山，如火山、先前淹没的台地等。它们或发育在隆起之上，或发育在隆起斜坡，分布范围小，呈尖塔状孤立分布，如今的西沙群岛、中沙群岛的岛礁多为此类。

1)古隆起上发育的孤立碳酸盐岩台地

这种台地的代表之一是永乐隆起，它从中新世开始发育碳酸盐岩台地，西永一井揭示该台地直接发育于前寒武系基底之上。面积巨大、地形平整的古隆起在基底沉降和海平面上升过程中，多处于浅水区，是碳酸盐岩发育的有利部位，主要表现为平行、亚平行、波状地震反射，振幅较强。由于在多数地质历史时期，永乐隆起沉降有限，处于浅水地区，因此该台地沉积厚度相对较小。在隆起上的局部断陷也可见到小型发散充填。

另一个典型代表是广乐隆起。推测其与永乐隆起相似，为前寒武系基底，在局部发育薄层渐新世沉积层。该隆起在早中新世开始发育碳酸盐岩台地，在其西部的归仁隆起上，越南钻探的 115-A 等井在中新统钻遇碳酸盐岩。富庆盆地在早中新世就开始大面积发育碳酸盐岩台地，到中中新世晚期碎屑物质推进导致碳酸盐岩沉积的终止，在上新世发育陆架-陆坡体系[159]，而广乐隆起的台地沉积则持续到晚中新世末期。

台地内部以平行、亚平行反射为主(图 6-7)，两侧发育前积体，在各个时期规模、特征差异较大。下中新统台地部分厚度较薄，两侧于 T_6^0 之上发育低幅前积，前积体分布范围最广。中中新世是台地大发展的时期，总体表现为一套强振幅波组，在南缘发育边缘生物礁，表现为杂乱弱振幅的丘状特征。与之相对应的，该时期的边缘扇体规模不大，仅分布在围绕台地的斜坡部位。上中新统台地厚度也较大，振幅明显偏弱。上中新统最明显的特征是台地周边的扇体大规模发育，且厚度大，范围广。扇体多表现为强振幅低角度前积，但在台地顶部侧翼有明显的高角度前积。

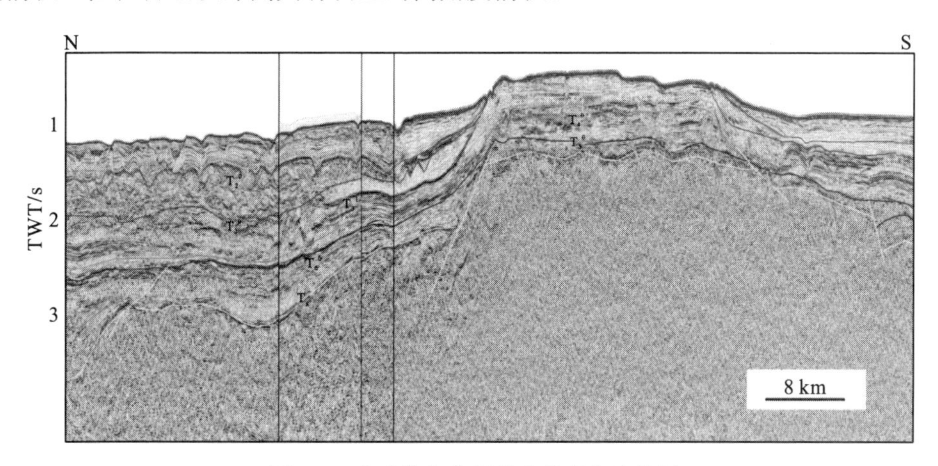

图 6-7　广乐隆起北端碳酸盐岩台地特征

（注意：①各时期台地厚度与扇体规模的对应关系；②台地淹没过程中形成的阶梯状地形剖面位置见图 2-1，F）

2)在凸起上发育的孤立碳酸盐岩台地

图 6-1 展示了北礁低凸起上的一个小型碳酸盐岩台地。该台地发育于断陷期形成的凸起之上，其下伏岩系可为前寒武系基底或中生界沉积，也可以是古近系和新近系。与古隆起型碳酸盐岩台地相比，此类台地下伏了厚薄不一的古近系沉积层，面积一般不大，常呈排成带分布，受构造影响较大。

从地震相角度看，此类台地平行、亚平行的地震反射构型较为少见，多数表现为凸起顶部增厚的、具有丘形反射的碳酸盐岩建隆以及凸起侧翼小型前积及波状反射。与古隆起型碳酸盐岩台地不同，此类台地沉积间断性较强，少有长时间连续沉积的碳酸盐岩。这与其构造性质有关，与古隆起型碳酸盐岩台地相比，此类台地的构造活动性更强，从而造成各个时期沉积面貌的转变。

此类台地与其下伏构造具有一致性。如北礁低凸起自北向南发育三排凸起，与之对应，其上台地也分作三排。

3)海山上发育小型孤立碳酸盐岩台地

此类台地目前最为常见，它们是在隆起及斜坡的高地或海山基础上发育起来的，常以古隆起为基座，成群分布。这类台地以小范围的、近水平的平行、亚平行反射为特色。它是海平面上升或下降到该高地的位置时发育的碳酸盐岩追补沉积的记录。可分作两种情况：一种为海底火山基础上发育起来的小型孤立台地；另一种为在先存的高地，甚至是在早先淹没的碳酸盐岩台地基础上发育起来的孤立台地。前者的典型实例就是图 6-10 所示的台地中间“穿刺”而起的火山，后者的代表如前述的西永一井所在的珊瑚岛，从地形上看其为高出基座的“柱子”，推测它是在永乐隆起所代表的大型碳酸盐岩台地基础上随着海平面上升、基底沉降而逐渐追补发育起来的。

2. 南海西北部孤立碳酸盐岩台地的演化及其控制因素

大的碳酸盐岩台地是在相对海平面升降和碳酸盐岩生长速率的联合控制下形成的，其中相对海平面升降又是全球海平面变化和构造沉降综合影响的结果。台地生长速率则取决于碳酸盐岩产率和所产生的沉积物的分布。生长速率的降低或相对海平面的快速大幅度上升都会导致台地的后退和最终消亡。目前研究表明，台地消亡的原因包括构造沉降和全球海平面升高、台地的长期暴露和碳酸盐岩产率的降低。Marion 台地暴露带被一个硬基底和一个不连续的深海沉积薄层所覆盖，潮流冲刷作用至今仍在发生[160]。

台地生长一般可从两个方面表征，一是垂向台地生长，一是侧向沉积生长。前者主要决定于海平面变化及造礁生物的产率，后者则更多地受海平面变化及台地沉积物质供应影响。当台地面向较深盆地生长时，常发育 1°～10°平缓的斜坡。而有些情况下，台地边缘太陡或盆地太深，初始阶段台地难以向盆地方向进积，这时候会对盆地产生部分充填[160]。其表现常常是起初伴随上超充填的陡崖，然后是垂向加积，最后是进积的演化过程。造成台地生长方式由加积到进积转变的原因有相对海平面升高速率减慢以及斜坡上沉积物供给增多。经研究表明，由二级、三级海平面升降旋回引起台地从进积到加积转变，其转折处常对应于最大海泛面的位置[161]。

1)古隆起上发育的孤立碳酸盐岩台地的演化

在广乐隆起碳酸盐岩台地的演化过程中，相对稳定的基底是导致早期古隆起长期隆起遭受剥蚀的重要原因。相对海平面上升，发育碳酸盐岩台地以后，较稳定的构造环境仍然是该区的特征。整体沉降和相对海平面上升造就了以近水平垂向加积为主的碳酸盐岩台地沉积。早中新世水体浅，碳酸盐岩开始发育，但水平面变化不大，长期维持在一定水平，这是该时期扇体延伸远的原因之一(图 6-7)。中中新世台地大发展，推测当时沉降较快或水面上升较快，较高的碳酸盐岩产率形成的产物多堆积在台地上，分散到四周的碳酸盐岩沉积少，从而造就了高速向上增长的台地和陡峭的边坡。晚中新世相对海平面上升速度减缓，并在一定阶段维持，从而导致碳酸盐岩生产除了供给台地垂向增长以外，还向四周扩散，形成面积大、厚度大的台地边缘扇体。由于中中新世碳酸盐岩垂向加积形成了高陡的边坡，晚中新世边缘扇体沉积过程中先侵蚀了中中新世形成的台地边缘，并在坡下形成坡度较小的前积体。到后期周边扇体填充了盆地，导致盆地坡度变缓，这时才发育了较高角度的切线斜交前积体。上新世台地垂向追补逐渐小于海平面上升速率，在台地顶部形成阶梯状收缩的台地淹没记录，在台地周边沉积了半深海的披覆沉积。

在此过程中控制碳酸盐岩台地发育的因素主要包括构造活动、海平面变化、碳酸盐岩的产率等等。其中，碳酸盐岩产率受区域纬度、气候等因素控制。由于构造稳定，使得海平面变化对台地发育的控制作用更为明显，这也许就是此类台地多表现为平行、亚平行反射的原因。

2)凸起上发育的孤立碳酸盐岩台地的演化

凸起上孤立台地的发育往往与凸起的构造活动息息相关。同时，由于地形背景常常表现为成排成带的凸起与凹陷相间，台地的发育也常表现为沉积范围的扩张与收缩以及不同凸起上台地的联合与分离。

第五章 5.5 节曾介绍了一个由于火山活动、构造活动，使得几个凸起联合为一个大型台地的过程。该台地在早中新世就完成了台地的联合，其下伏岩层包括断陷期的沉积层、火山侵入岩。台地联合以后火山活动依然活跃，早中新世由于火山活动，导致台地北部隆升为低凸起，早先沉积的地层遭受剥蚀，碎屑物质沿着台地中间的低洼部位向东搬运，在台地东坡形成斜坡扇。与此同时，在台地南侧边缘，受碎屑物质影响小，发育碳酸盐岩台地，并在台地边缘凹陷内堆积碳酸盐岩碎屑物质，从而形成同一台地既发育碎屑岩、又发育碳酸盐岩的沉积格局(图 6-8，a)。

中中新世构造活动微弱，随着对早期地貌的填平补齐，台地趋于同化，特别是在陆坡隆起带上类似台地较多，相互联合形成成带分布的台地与水道相间分布的沉积格局，碳酸盐岩台地大面积发育(图 6-8，b)。

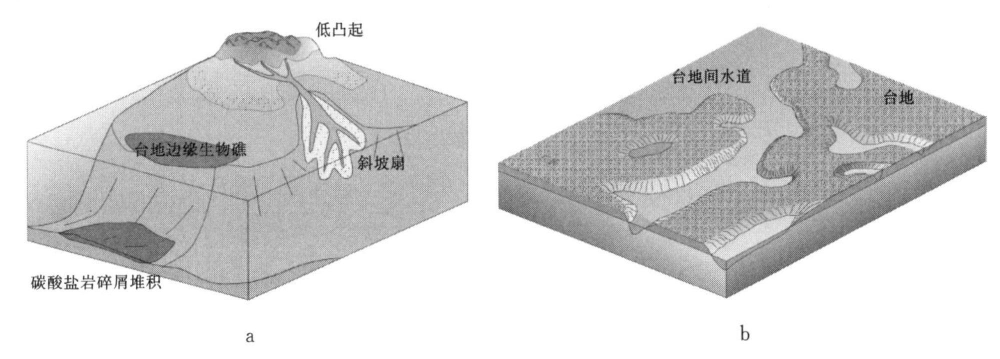

图 6-8　陆坡隆起带缓慢拗陷阶段沉积模式

(a. 三亚组沉积期陆坡隆起带火山活动联合形成的一个凸起型台地的沉积模式；
b. 梅山组沉积期陆坡隆起带沉积模式)

早在联合之前，各凸起之上就已有小型孤立台地发育，台地联合之后，形成了一个顶面宽大的大型台地，但台地上地形仍然有明显起伏。早先凸起位置的地形相对高，而后期充填的部位则稍低。这种地形特征影响了碳酸盐岩沉积分布，南北地形较高的边缘发育生物礁，而在其间的洼地发育泻湖及斑礁等等。从地震剖面看，边缘表现为丘状、顶部增厚的生物建隆，建隆北侧多为弱振幅的平行、亚平行反射。

这一时期伴随着台地碳酸盐岩的生长，发育了典型的碳酸盐岩浊积体系。图 6-9 展示了在该台地的北侧斜坡发育的浊积扇。其根部是具有杂乱特征的滑塌沉积，向外转变为强振幅碎屑流沉积，二者顶部均有削蚀的显示，这是由于坡度陡，台地边缘碎屑滑落，对底部沉积的冲蚀作用造成的。在盆地平缓处为成层性稍好的浊流发育区，其振幅明显强于周边沉积。

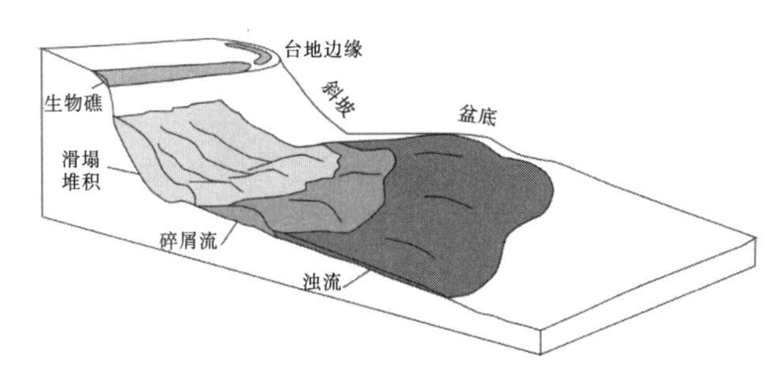

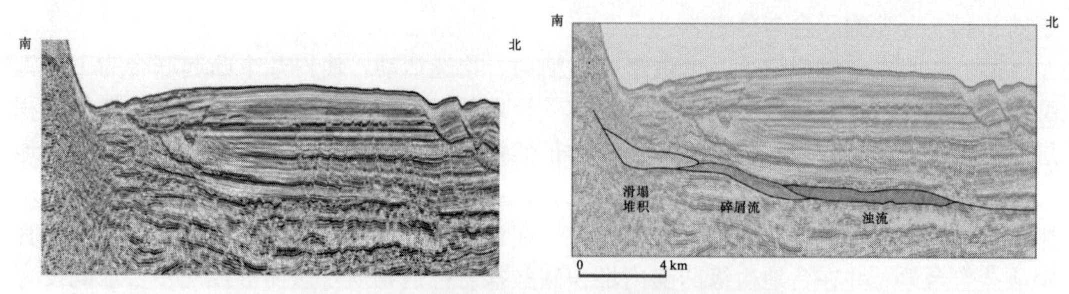

图 6-9　梅山期陆坡隆起带台地边缘浊积扇模式

晚中新世随着盆地沉降，该台地被淹没并发育深海披覆沉积，表现为高频高连续的地震反射(图 6-10)。

在此过程中，海平面变化与构造活动都对台地发育起了控制作用。构造活动改造地貌，进而影响了台地的发育位置及特征。海平面变化则总体上影响台地演化方向。

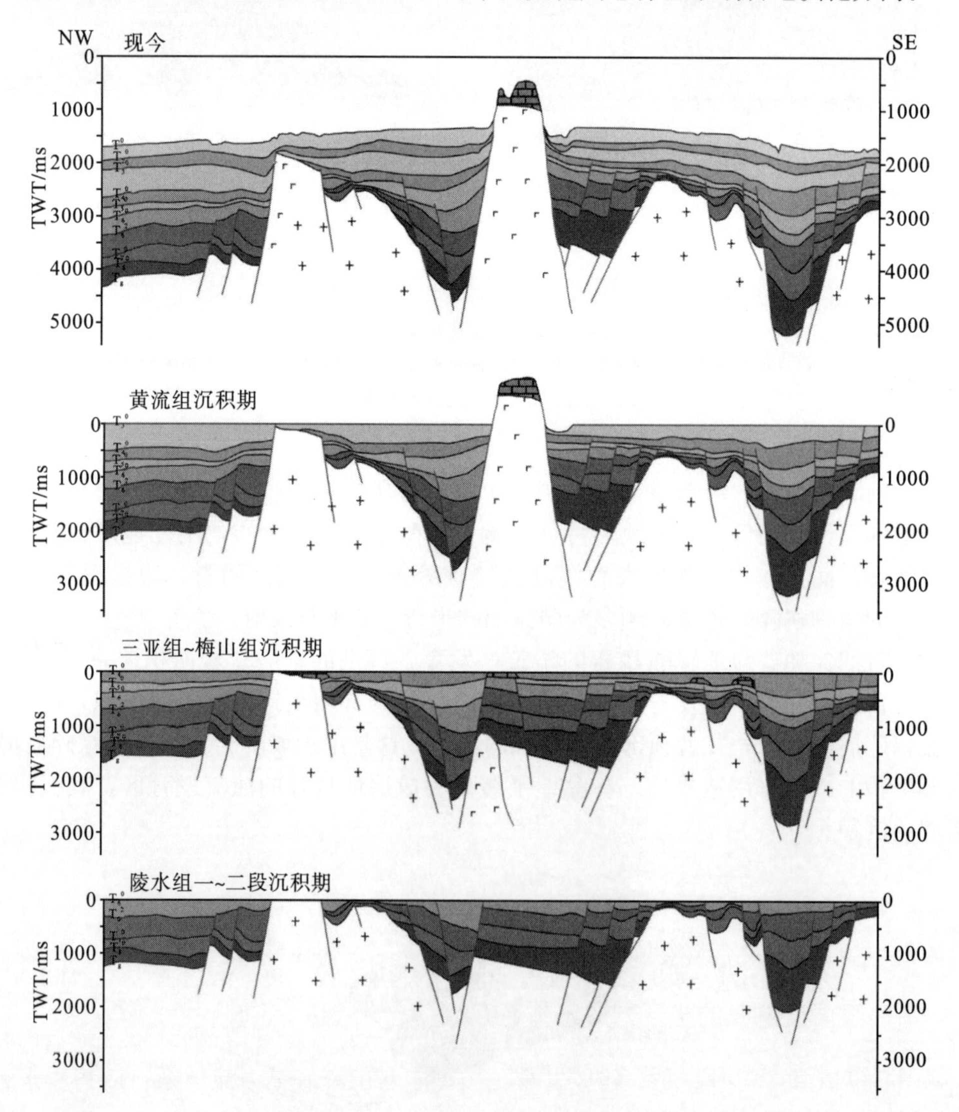

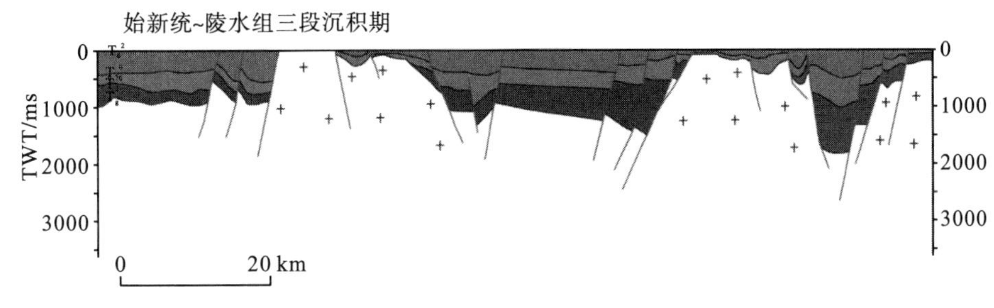

图 6-10　陆坡隆起带由火山等构造活动联合形成的台地的演化

3)海山上发育的小型孤立碳酸盐岩台地的演化

此类台地多发育在快速拗陷阶段，盆地沉降、海平面上升使得南海北部陆坡大部分沉入水下，仅在局部高部位发育小型孤立台地。

在图 6-10 所示的台地中，其北部现今存在一个高陡的海山，出露地表部分为生物礁，而通过地震剖面对比解释，确认其为一座海底火山。对其两侧地层对比解释，特别是地层生长特征的对比表明该台地北部高陡海山是 5.5Ma 形成的火山(图 6-10)。前已述及，5.5Ma 是南海西北部岩浆活动的重要时刻。该时期区域岩浆活动大面积爆发，在研究区形成一系列海山，该台地北部的火山就是其中的一个。

在海平面上升过程中，在火山周缘发育环礁，当海平面淹没火山顶部，生物礁继续追补上升，形成今天的生物礁海岛。若海平面上升速度超过生物礁追补速度，则被淹没形成海底平顶山。从已有的资料看，南海西北部发育了大大小小十余个此类海底平顶山，其共同特征为在杂乱基底反射之上的平行、亚平行的反射，在边缘往往略有上隆。

今天的西沙群岛和中沙群岛就是由众多这样的生物礁追补形成的。

这些孤立小台地多发育在底座构造活动之后，推测其发育主要控制因素为海平面的升降。这也是此类台地多表现为平行、亚平行反射的原因。

总体来看，随着盆地沉降，早中新世碳酸盐岩台地开始一定规模地发育，到中中新世达到高峰。北部陆架、归仁隆起、广乐隆起、西沙隆起、中建盆地、中沙隆起等大面积发育了碳酸盐岩台地沉积。到晚中新世随着基底沉降，海平面上升，仅广乐隆起、西沙隆起、中沙隆起还有较大规模的碳酸盐岩台地，中建盆地部分火山顶部发育残存小型孤立台地。到上新世以后，盆地沉降加剧，以上三个隆起相继淹没，仅在部分高地、火山顶部发育小型孤立台地，并追赶生长，形成今天的西沙群岛和中沙群岛。其特点为面积小而且以近水平的地震反射为主。顶部一般较平坦，形成一系列深度不一的海底平顶山。

6.4.3　海底重力流体系

1. 海底重力流沉积的主要构成及体系划分

晚中新世以来，南海西北部陆坡发育了类型丰富的海底重力流体系。以物质来源划分，包括了外源碎屑物源和内源碳酸盐岩物源，也包括了远源和近源体系。从沉积构成看，目前可识别出滑塌体、滑塌－浊积扇、大型海底扇、峡谷重力流充填、浊积水道充填等类型。根据物源类型及搬运方式可在南海西北部陆坡划分出五种海底重力流体系：

1)近距离陆源碎屑陆坡滑塌－浊积扇/海底扇体系

其物质来源于北部进积陆坡，随着盆地沉降与北部外源物质供应，常常出现陆坡变陡的现象，诱发滑塌等重力流沉积[138]。沉积以细粒物质为主，多产生泥质堆积。在坡脚部位常发育滑塌－浊积扇体，与深海披覆泥岩层交互，可见低角度下超现象。此类文献多有报道[137-139]，在此不做详细论述。

2)西部远距离陆源巨型海底扇沉积体系

早－中中新世琼东南盆地西部的归仁隆起发育大型碳酸盐岩台地，其碎屑进入琼东南盆地西部形成碳酸盐岩的浊积扇。晚中新世该地区发育了巨型陆源碎屑的深海扇系统，在琼东南西部表现为明显前积，分析其物源来自红河水系，属于远距离陆源碎屑供应的沉积体系，其特征将在后面做专门论述。

3)轴向峡谷重力流沉积体系

其物源可能来自南北两侧的斜坡，也可能来自西部红河水系。其典型的特征是顺盆地轴向大规模发育重力流峡谷。

这类体系是南海西北部的典型沉积现象，其形成是低海平面时期的海底侵蚀及此后的海平面上升时期充填的结果。对于这一现象，林畅松等[137]曾做了细致研究，并总结该水道是沿着海南岛发育的、汇聚于海南岛以南乐东凹陷的水道体系。但是本书在研究中发现实际情况更为复杂。

首先，在更多资料支持下，对南海北部陆坡坳陷带的轴向重力峡谷进行了重新解释成图(图 6-11)。结果显示该峡谷规模巨大，全长 500km 以上，流经莺歌海、琼东南、西沙海槽进入西北次盆。宽度可达 19km，下切幅度可达 1000ms，远远超过前人估计。

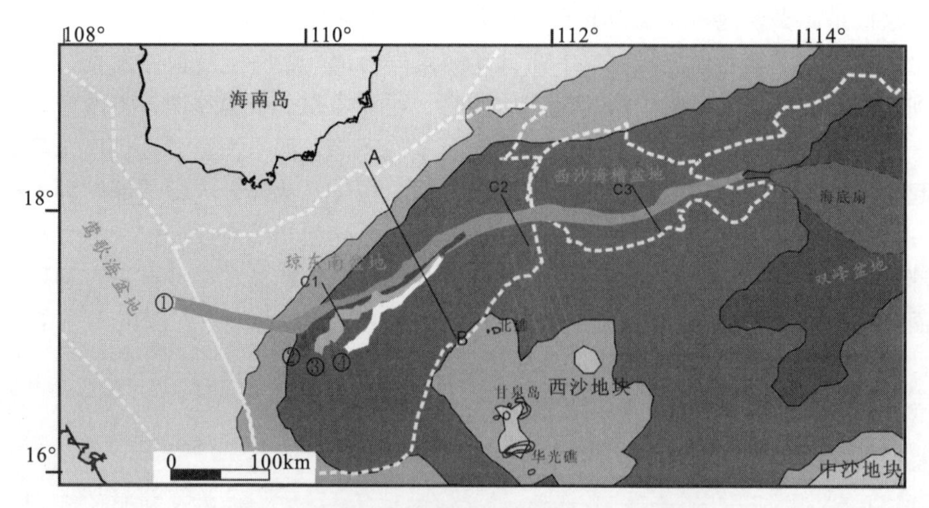

图 6-11　南海西北部轴向重力流峡谷水道分布

(①②③④依次为从早到晚的四期水道，其剖面特征见图 6-14)

其次，对于该沉积体系发育的方向，本书研究认为它是自西向东发育的。证据有三：

(1)从下切深度及峡谷形态看，自西向东，峡谷由 U 型谷发展为 V 型谷，下切深度逐步加深。

图 6-12 选取了该峡谷西、中、东三个剖面，在西部 C1 剖面中，峡谷为 U 型，下切幅度达 250ms，接近 T_4^0；中部 C2 剖面中，峡谷两侧开始变陡，下切幅度达 500ms，切过了 T_4^0；C3 剖面呈典型的 V 型谷，下切幅度达 1000ms，切过了 T_5^0。

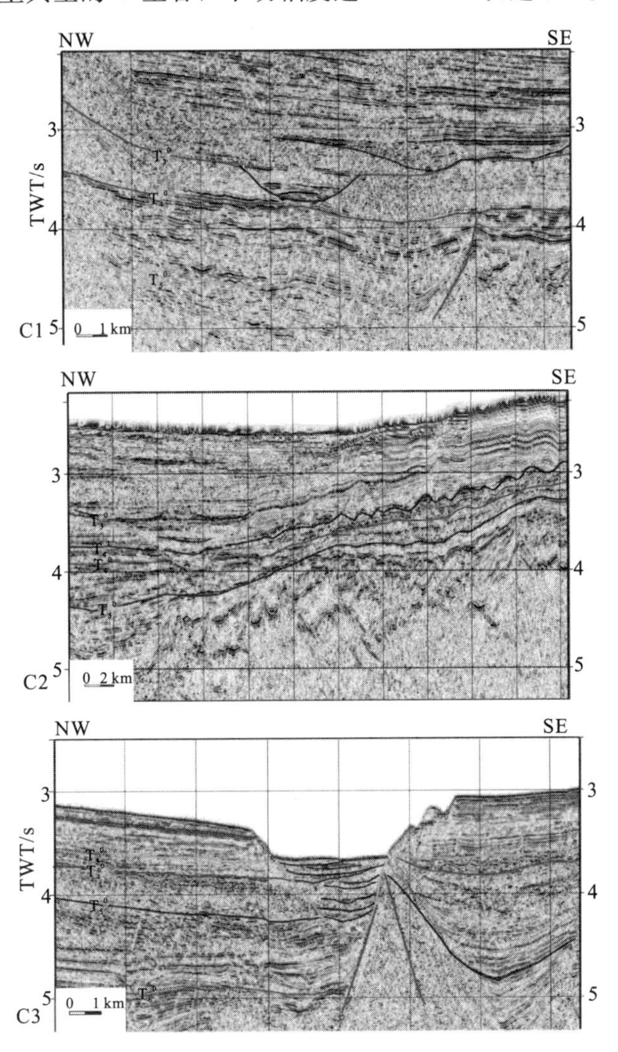

图 6-12　琼东南盆地黄流组中央主峡谷水道特征

(剖面位置见图 6-11，C1～C3)

(2)在沿着峡谷分布的地震测线上(图 6-13)，发现低幅前积，指示其沉积方向自西向东。

(3)在西沙海槽进入西部次盆的区域发现大型北西－南东方向展布的海底扇。该海底扇体系规模巨大，多发育水道－堤岸体系，指示物源方向来自西沙海槽。说明有巨量的物质由此进入西北次盆。这些证据都表明，该峡谷体系是南海西北部物质向东输送的重要通道。

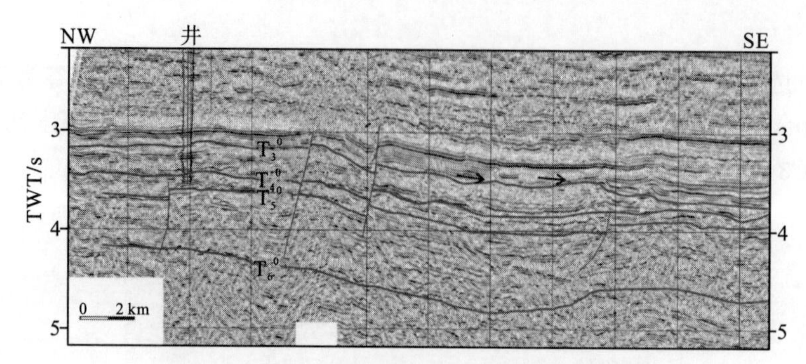

图 6-13　琼东南盆地黄流组中央主峡谷水道特征

（T_3^0指示峡谷底，其上水道充填近水平，与底界以低幅下超接触）

最后，这种轴向水道的演化独具特色。随着海南岛陆坡向南进积，水道向南迁移(图6-14，6-11)，伴随陆坡进积，①②③④四期水道发育位置依次南移，反映了二者之间的互动关系。水道向东进入宝岛凹陷后分布位置趋于一致，推测这种分布是由于宝岛凹陷及其以东地区由于物源不充足，陆坡推进少，加之地形限制，所以没有表现出水道向南迁移的特征(图 6-15)。在西部早期水道会被充填，后期水道向南迁移，对早期水道的破坏程度小，而东部由于缺乏水道迁移，多期水道反复叠置，交替冲刷，以至于现今海底仍然保留了中央峡谷水道(图 6-12，C3，图 6-15)。但是，在琼东南盆地现今海底并未见到明显的中央峡谷水道(图 6-14)，较为合理的解释是中央峡谷是北部陆坡坳陷带与东部西北次盆的通道，尤其是在低水位期间。当高水位时期，西部不发育明显的中央汇水峡谷，而东部西沙海槽依然担任这一角色。

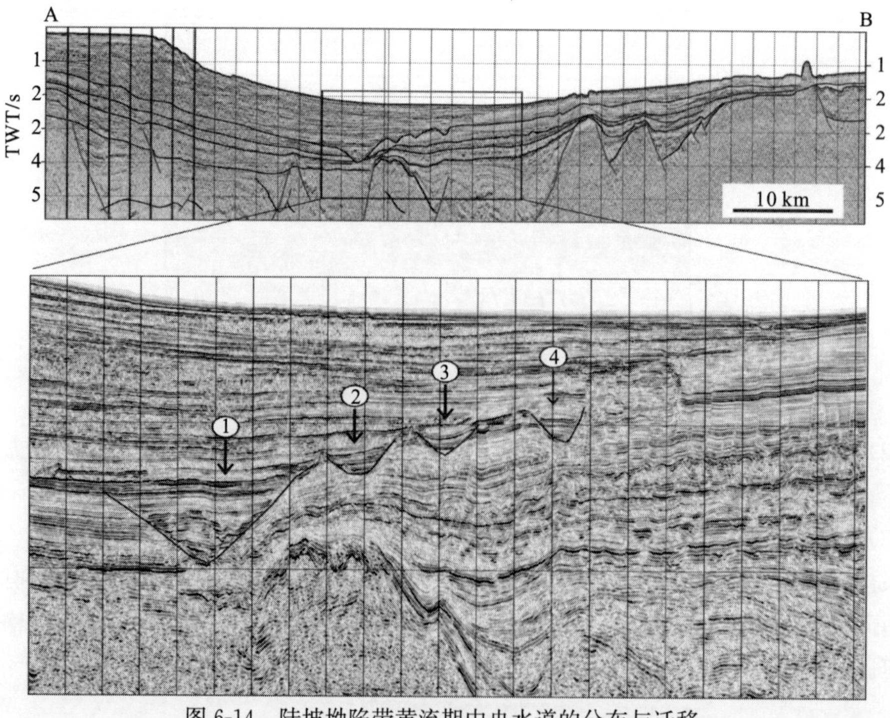

图 6-14　陆坡坳陷带黄流期中央水道的分布与迁移

（随着海南岛陆坡向南进积，水道向南迁移，反映了二者之间的互动关系）

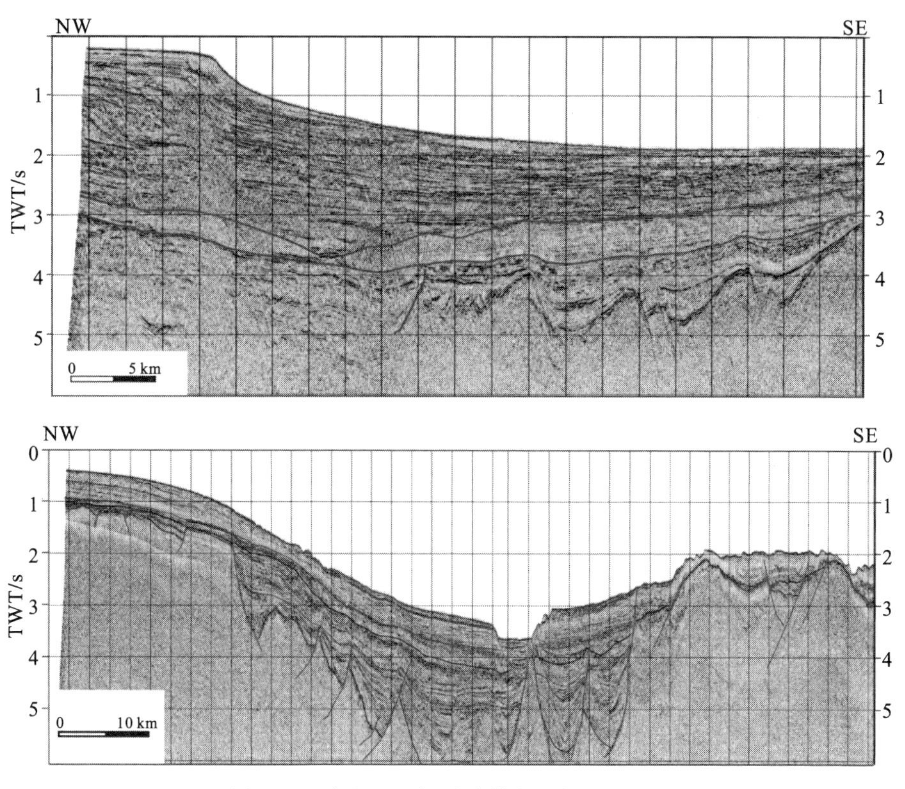

图 6-15　南海西北部坳陷带东西部特征对比

4)内碎屑碳酸盐岩滑塌-峡谷水道沉积体系

其典型代表是陆坡隆起带上西沙隆起西侧的近南北向继承性发育的海底峡谷。这些峡谷水道充填物质主要来自西沙隆起的碳酸盐岩沉积。由于西沙隆起和广乐隆起控制了陆坡隆起带中中新世以来的地形格局，二者之间的低洼地区成为物质汇聚及沉积分散的通道。西沙隆起发育的众多碳酸盐岩孤立台地可产生大量碳酸盐岩碎屑，在低位期易发生大量滑塌。而同期活跃的火山活动增加了其触发机制，使得这种滑塌-峡谷水道体系的发育更为频繁。来自西沙隆起的物质沿着西倾的斜坡进入西沙隆起与广乐隆起之间的低部位后受地形影响而转向，产生向南、北两个下倾方向发育的峡谷水道沉积(图 6-16)。将黄流期、莺歌海期、乐东期的典型峡谷水道沉积体系的轮廓叠合显示，比较分析的结果显示它们基本分布在同一位置，反映了这种沉积具有高度继承性(图 6-17)。局部地震横剖面也显示了这种特征(图 6-18)。

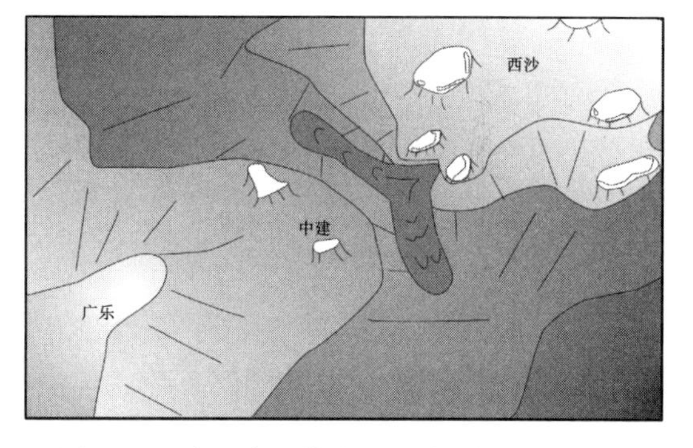

图 6-16　陆坡隆起带峡谷水道分布示意图

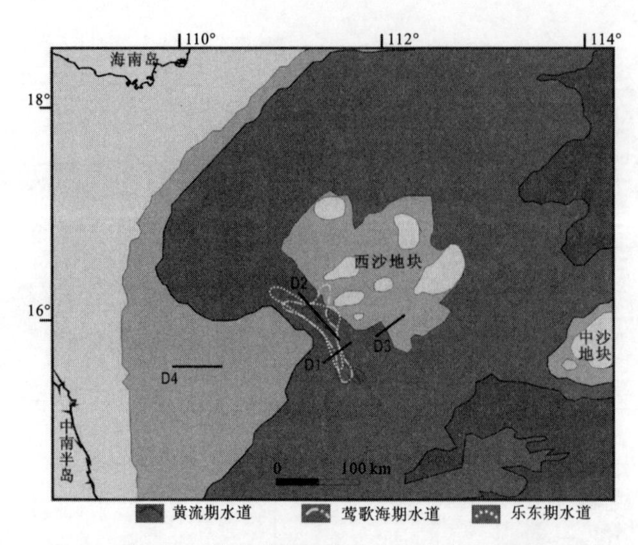

图 6-17　陆坡隆起带峡谷水道分布示意图

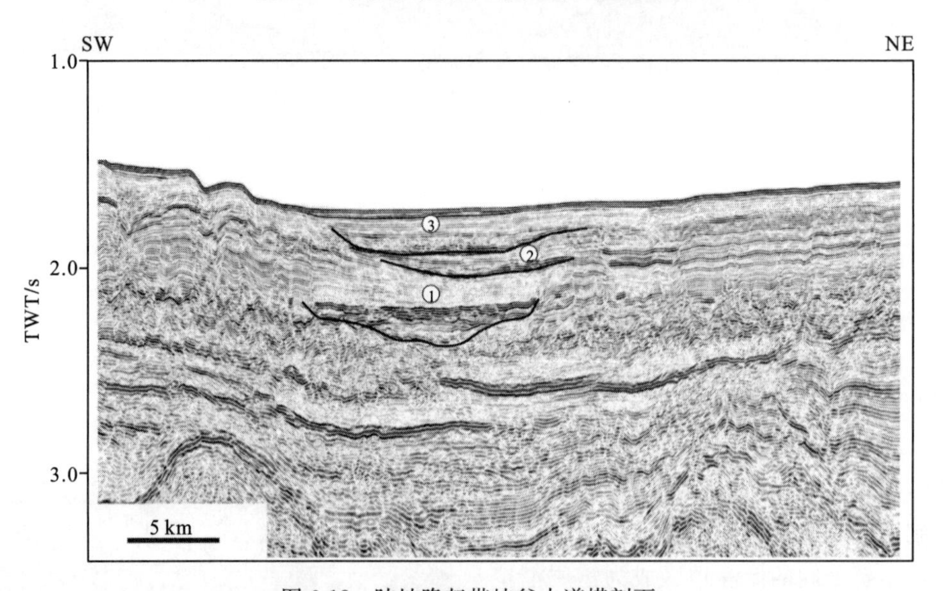

图 6-18　陆坡隆起带峡谷水道横剖面

（剖面位置见图 6-17，D1，或者图 2-1，D1；①黄流期峡谷充填；②莺歌海期峡谷充填；③乐东期峡谷充填）

对这些峡谷水道充填进行追踪解释，发现它们都具有这样的规律：在近西沙隆起的部位多为弱振幅，低连续杂乱反射，代表滑塌堆积，峡谷下切深度相对较大；在远离隆起的地方，多表现为近水平的中连续强振幅的水道充填，代表了席状浊积。由隆起到低部位总体表现为由滑塌向浊积的规律性转变。

三期主要的峡谷水道充填代表了三次海平面明显下降时期，高度发育的重力流对地层的冲蚀、充填。一般对于碳酸盐岩来说，大规模的滑塌有多种触发因素，包括地震或火山的触发、低的水平面位置导致沉积失去水的浮力、高位期间沉积过陡造成沉积失稳、波浪和洋流引起的侵蚀和下切等[162]。从滑塌演化为碎屑流，最后转为浊流是碳酸盐岩浊积体系的重要形式。

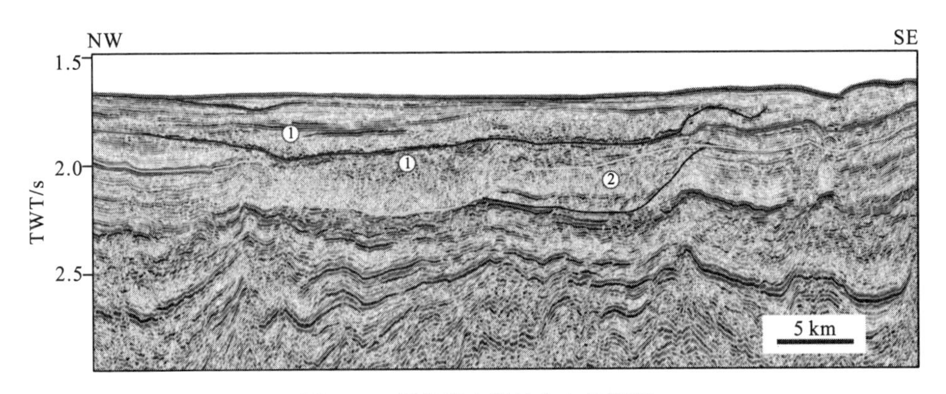

图 6-19 顺峡谷水道的方向的滑塌

(剖面位置见图 6-17，D2，或者图 2-1，D2；①为滑塌体；②为受滑塌影响的变形带)

对比陆坡隆起带的碳酸盐岩重力流水道充填与陆坡坳陷带的重力流水道充填，二者既有共性，又区别明显。

坳陷带中央水道往往切穿数百毫秒，而隆起带峡谷水道的下切幅度小得多，往往只向下切过几根同相轴。前者规模大得多，横向上可长达数百千米；后者仅几十千米。前者上游地区下切幅度小，向下游汇集深切；后者上游滑塌切入深，向下游逐步变薄消失。前者充填多为成层性好的浊积岩；后者先是滑塌后是浊积。

就相似点而言，二者均受地形限制，具有一定继承性；均与物源区下倾方向近垂直；均是先下切形成峡谷后充填。

形成这些差异的根本原因在于陆坡坳陷带重力流水道与陆坡隆起带重力流水道的成因机制与地形背景的差异。前者是陆源物质远距离搬运而来，经过陆坡滑塌等作用进入峡谷水道时已经为浊流形式，并且其继续搬运也以浊流形式进行，图 6-11 C2 中的重力流沉积物波就是明证；后者为近距离的内部物源，物质为本地生成的碳酸盐岩碎屑，其物质总量比起外源碎屑要小得多，由于距离近，可以在滑塌状态就进入峡谷水道。从地形角度看，前者属于汇集型，具有“肚大口小”的特征，因此西部下切幅度低并且分散，东部下切幅度高，并且汇聚；后者属于发散型，在浅峡谷运移一段距离之后就平面分散到海底。另外，坡度差异也是重要原因，前者物质从陆上搬运到半深海，其势能巨大，具有更大的侵蚀能力；后者始终在隆起带，落差小，势能低，因此下切幅度小。

5)碳酸盐岩台地边缘斜坡重力流体系

中中新世以后，孤立碳酸盐岩台地在陆坡隆起带规模逐步减小，但是其沉积仍然具有相当大的潜力。这类沉积主要受海平面控制，在相对海平面变化不大的时期，台地碳酸盐岩垂向生长受限，转而水平向外扩张，容易形成大规模的碳酸盐岩台地边缘斜坡沉积。从海底地形图看，广乐隆起周边的地形具有明显的环绕广乐隆起的环带状分布的特征，说明广乐隆起对周边斜坡沉积的控制作用。

来自碳酸盐岩台地的物质进入斜坡，如果坡度陡峻，巨大势能可使其冲蚀先期沉积(图 6-20，a①③)。此类浊积往往表现为强−弱振幅，高连续的前积反射，在斜坡上多发育小型沟道(图 6-20，a②；b)。这种振幅变化往往对应于碳酸盐岩碎屑的颗粒大小变化。当坡度较小的时候，此类浊积更多地表现为一系列扇体斜坡上的水道(图 6-20，b)。

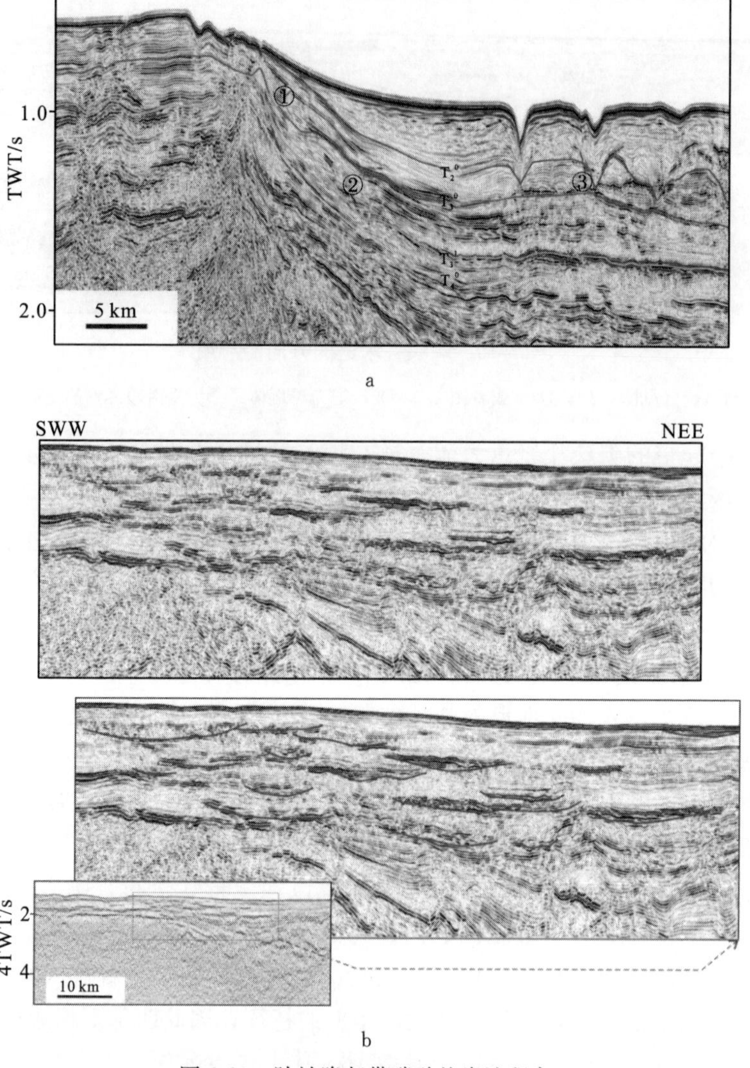

图 6-20　陆坡隆起带碳酸盐岩浊积扇

（a. 台地边缘浊积扇；b. 西沙浊积体系横剖面；剖面位置见图 6-17，D3、D4，或者图 2-1，D3、D4）

2. 南海西北部陆坡的沉积分散体系

至此，可以对快速拗陷阶段的陆坡沉积物分散体系做简单总结：

南海西北部陆坡的外源物质供应主要来自北部海南岛和西部红河物源。从供应方式上，前者主要通过陆架－前积陆坡－陆坡坳陷中央几个步骤供应；后者先是通过海底扇的方式供应乐东凹陷，在进积陆坡大面积推进形成宽阔陆架之后又以三角洲－陆架－进积陆坡－陆坡坳陷中央等几个步骤向陆坡坳陷带输送碎屑物质。进入坳陷带中央的物质，包括来自南部的内碎屑物质，接着又沿着中央水道向东运移，最后进入西北次盆。

南海西北部陆坡的内源物质供应主要来自陆坡隆起带碳酸盐岩台地。这种物源供应是放射状的，主要包括：①台地碳酸盐岩通过斜坡直接向周边海底供应。如广乐隆起的台地碳酸盐岩既向东供应陆坡隆起带的中建盆地，也向北供应华光凹陷乃至乐东凹陷。

②台地碳酸盐岩通过隆起带上的海底峡谷向外供应。如西沙隆起的碳酸盐岩滑塌浊积先顺下倾方向向西运移，进入峡谷之后转而向南、北搬运。③碳酸盐岩碎屑向南进入中沙海槽形成重力流沉积，在阶梯状斜坡及海槽底部形成海底扇。④碳酸盐岩碎屑向东部中央海盆搬运，西沙隆起东坡的巨型下切峡谷就是其明证。

总体来说，南海西北部陆坡具有多种物源、多搬运方向及多种形式的搬运特征。

3. 控制因素讨论

各种类型的重力流体系，其控制因素不尽相同。

对于陆源斜坡滑塌－浊积体系来说，相对海平面变化、物源供应是根本的控制因素。当海平面较低的时期，如果物质供应依然充足，可有大量物质滑塌堆积进入坳陷。当海平面高而物质供应少的时期，对坳陷带中央供应则少得多。

对于西部海底扇体系来说，物源供应及相对海平面也是主要控制因素。低的海平面与高速供应导致莺歌海盆地可容空间小，有大量物质可以进入琼东南盆地。

对于内碎屑的海相碳酸盐岩来说，相对海平面变化、生物礁的产率以及火山、地震等触发因素更为关键。盆地沉降快或者海平面上升，生物礁以垂向追补为主，向四周供应减弱，而当海平面较低或者基底沉降缓慢的时期，生物礁横向扩展，重力失稳情况较多，容易产生碳酸盐岩物质的滑塌及向外输送。

6.4.4　红河扇

海底扇被定义为：位于深水陆坡－海盆，由陆源碎屑沉积物沉积而成的深海扇形沉积体，它以海平面下降的低水位期形成的低位扇(包括盆底扇、斜坡扇、低位楔状体)为主，已成为深水油气勘探最主要的勘探对象。珠江口白云深水扇是近年来南海北部边缘研究的热点，其形成与珠江水系密切相关。对于同样存在大型物源系统的南海西北部，是否也存在类似的沉积体是很值得关注的问题。本次研究中，在琼东南盆地西部发现了巨型的红河深水扇，并围绕它进行了初步研究，取得了一定认识。

1. 红河扇的特征

红河扇的发现最早是从琼东南盆地西部乐东凹陷的一组前积反射(图 6-21，A2)开始的。与常见的深海扇体不同，红河扇的前积构型具有高能帚状前积的特点，同相轴自西向东发散，根部位于归仁隆起之上，而在顶部又具有顶积层的加积特征，为 S 形前积的特征，显示在前积的同时伴随了盆地沉降或海平面上升。反射轴连续性差，多显示波状特征，并且常表现为小型沟道侵蚀特征。这些奇特组合令人迷惑，对其性质也难以界定。本书组合了不同单位、地区的地震资料研究其结构，发现其为一个面积超过 1.1×10^4 km^2的巨型海底扇，在横剖面上以 $T_4{}^0$为底具有明显双向下超的特征(图 6-22)，而在纵向上多个剖面均有明显前积特征(图 6-21)。

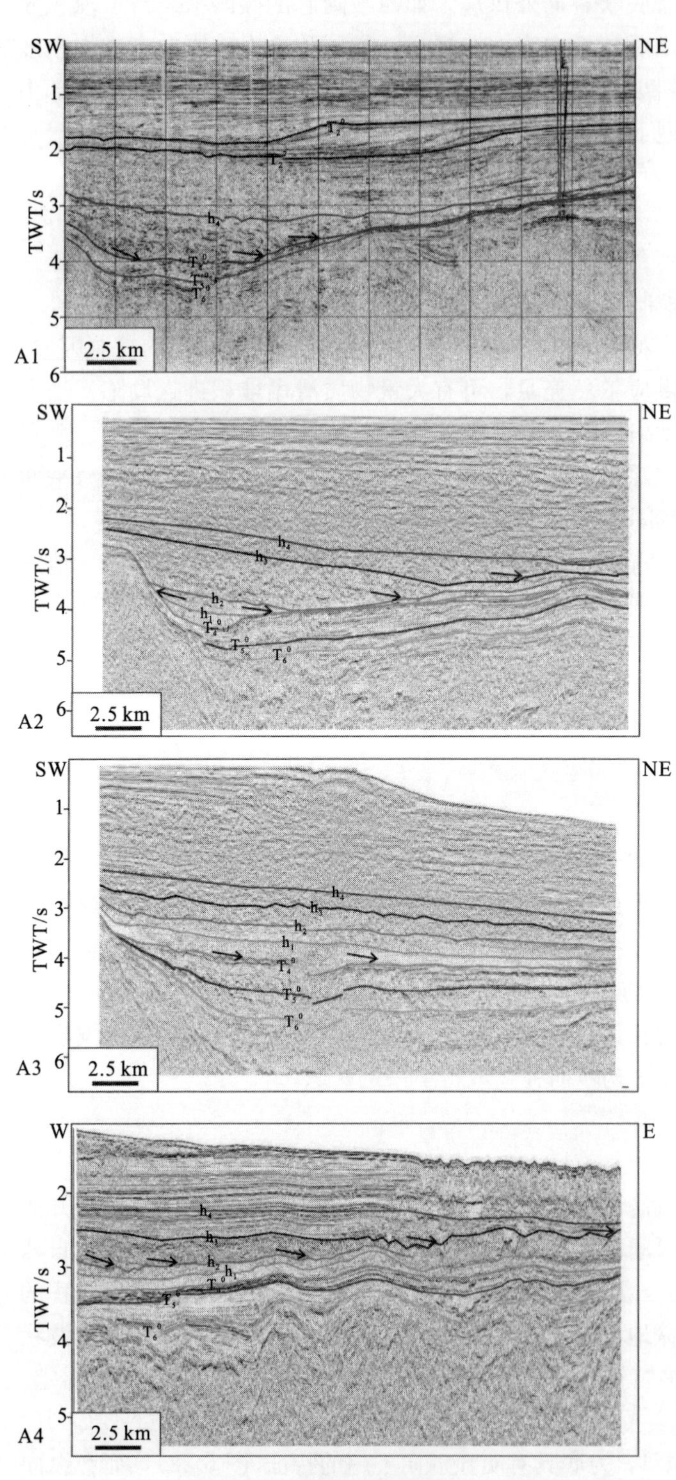

图 6-21　红河扇典型剖面

（剖面位置见图 6-23 红河扇总体厚度图中线段 A1～A4）

对这一扇体的追踪显示其在不同位置不同深度表现为不同的地震反射特征。依据地震相特征将其分为四个阶段的扇体，其间界面为 T_4^0、h_1、h_2、h_3、h_4。

第一层（H1）介于 T_4^0 和 h_1 之间，主要为一套弱振幅、中连续的低幅度前积反射，在北部沉积中心部位振幅加强，连续性减弱，向南逐步转为弱振幅、高连续波组；第二层（H2）介于 h_1 和 h_2 之间，为一套中振幅、中－弱连续的低幅度前积反射，多数地区表现为近平行的反射波组；第三层（H3）介于 h_2 和 h_3 之间，为一套中－强振幅、弱连续高幅度前积反射，多有杂乱特征，并且被侵蚀水道复杂化；第四层（H4）介于 h_3 和 h_4 之间，为一套中－强振幅、高连续的低幅度前积反射，但在部分地区又表现为类似 H3 的偏杂乱的反射波组，在南部斜坡区则表现为强振幅高连续的波组，并且向底界表现为发散式下超（图 6-22，右侧）。

界面 T_4^0 和 h_1～h_4 都表现为上超或下超面，剖面上各界面多表现为波状起伏特征，部分地区还有一定侵蚀显示。如 T_4^0 界面在部分地区表现为对下伏碳酸盐岩浊积扇体的侵蚀（图 6-22），而在扇体内部，这种侵蚀多以沟道形式表现出来。

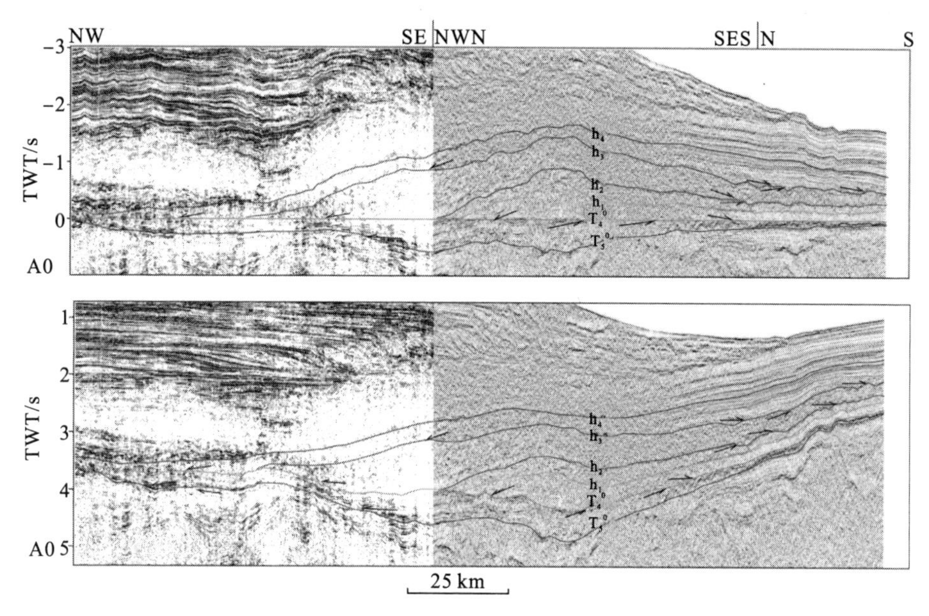

图 6-22　以 T_4^0 拉平(上)和不拉平(下)的红河扇横向剖面

(剖面位置见图 6-23 中红河扇总体厚度图上的线段 A0)

2. 红河扇的变迁

红河扇总体面积达 $1.1\times10^4\text{km}^2$，厚度可达 2000m 以上。对各个界面的追踪刻画了各个阶段红河扇的总体形态(图 6-23)以及沉积中心迁移过程(图 6-24)。

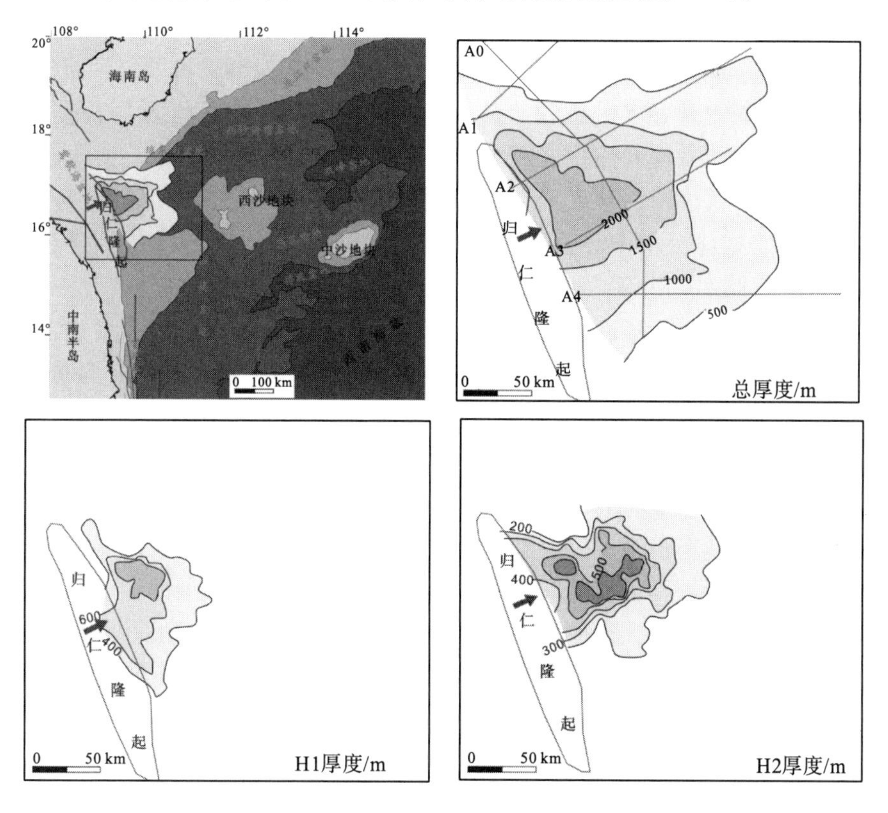

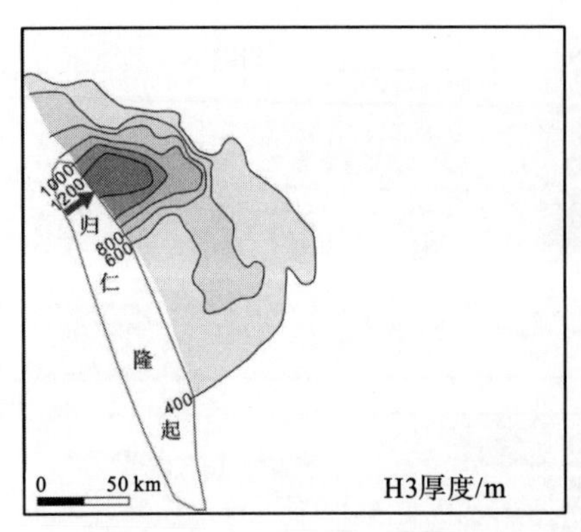

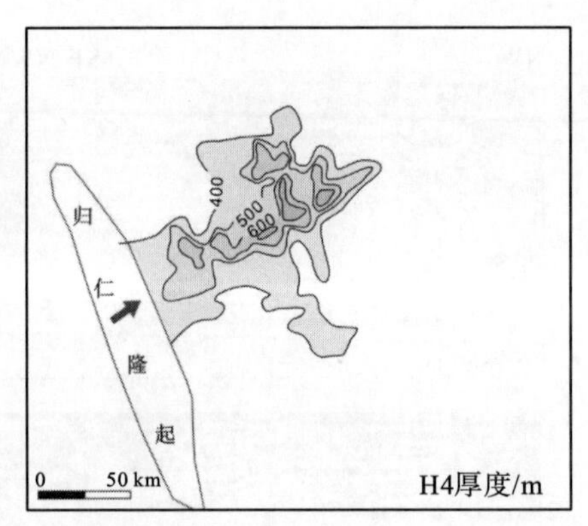

图 6-23　红河扇厚度分布

（左上平面底图上的矩形即其余五图的范围，H1～H4 分别代表了自下而上的四个阶段厚度）

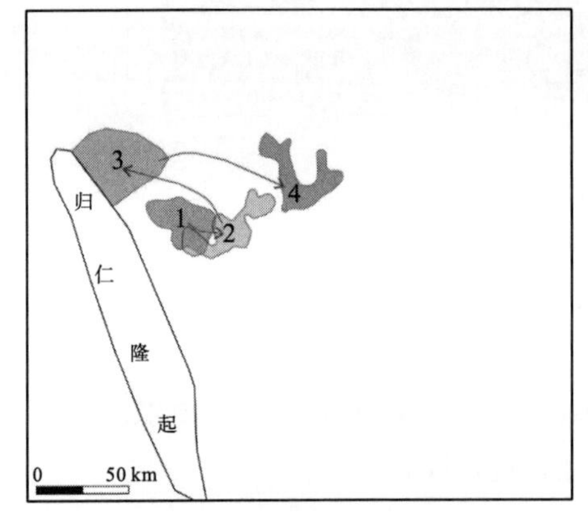

图 6-24　红河扇沉积中心迁移示意图

起始阶段（H1）扇体沉积中心位于归仁隆起北东方向 25km 处，覆盖面积 $0.27\times10^4km^2$，厚度可达 600m 以上，局部达 800m 以上。这一阶段是归仁隆起从碳酸盐岩沉积向碎屑岩沉积转化的过程。在早－中中新世，归仁隆起发育了大规模的碳酸盐岩台地沉积，已为钻井证实。在乐东凹陷则发育了面积较大的碳酸盐岩浊积扇。其在地震上的表现为一组强振幅、弱连续的反射波组，具有低幅前积特征。晚中新世盆地沉降，归仁隆起沉入水下，碳酸盐岩沉积终止，转而开始碎屑岩沉积。初期能够越过归仁隆起的沉积物除了主入口附近的沉积之外，多为细粒物质，因此具有较高的连续性及振幅较弱的特点。这些细粒物质与下伏碳酸盐岩浊积扇产生较强的反射。在主入口方位，由于较高的坡度导致碎屑物质冲蚀下伏沉积，导致 T_4^0 界面显示出下削上超的特征。

加速阶段（H2）扇体沉积中心位于归仁隆起北东方向 33km 处，覆盖面积大幅增加，达 $0.75\times10^4km^2$，厚度可达 600m 以上。这一时期随着盆地沉降，有更广泛的区域可以允许碎屑岩沉积物越过归仁隆起进入乐东凹陷。因此沉积面积有了较大增加，但沉积厚度增加不多。从振幅增强看，该时期沉积物颗粒已经有所增加，沉积的非均质性增强。

主堆积阶段（H3）扇体沉积中心北移，位于归仁隆起北北东方向 20km 处，覆盖面积达到了 $0.97\times10^4km^2$，厚度达 1200m，但主体沉积较为集中，面积达 $0.22\times10^4km^2$，厚度 800m 以上。这一阶段迎来了沉积的高峰，反射轴高度不连续，表现为杂乱特征，表明该时期沉积物堆积速率很高；反射轴以较高角度终止于底界，仅在远端发育薄层底积层，说明沉积物颗粒粗，具备高能前积扇体的特征。扇体上密布小型沟道，表现为局部小幅度侵蚀及强振幅的特征。这种特征也见于渤海湾盆地，是快速堆积湖底扇的特征。

堆积减弱阶段（H4）扇体沉积中心东移，在归仁隆起北东 85km 处，面积 $0.6\times10^4km^2$，厚度在 600m 以上。这个阶段反射轴连续性高，表现为高频高连续的深海泥质沉积的典型特征。但在局部表现为杂乱特征，厚度较大。这一阶段的沟道在前积斜坡上较少，但是在南部斜坡上较多，并且与该段的高连续反射轴的发散下超具有一定关联。推测当时的坡度很小，红河扇与南部斜坡之间的低洼地区是海底下切水道的汇聚地区，并且随着红河扇的前积，逐步向上迁移。这种迁移从 H3 就开始了。

由于缺少相应的定年资料，暂时无法对各个阶段的沉积速率做出界定，但是从各层的地震特征分析，各个部分自下而上总体表现为沉积速率由小到大再变小的过程。

3. 红河扇的物源及发育背景讨论

由图 6-21，6-22 前积方向判断红河扇的物源方向来自西部的归仁隆起。图 6-25 展示了从归仁隆起东侧到崖城凸起的南北向地震剖面，从图中看，来自红河扇的自南向北的前积与北部斜坡上自北向南的前积同时发育。从图 6-21 中 A1 剖面看，其西侧 T_4^0 陡倾，显示凸起特征，推测该剖面西侧仍然属于归仁隆起的一部分。图 6-26 展示了从归仁隆起西侧到东侧的东西向地震剖面，从图中看，在隆起西侧以近水平的地震反射为主，而在归仁隆起以东则表现为明显的前积。

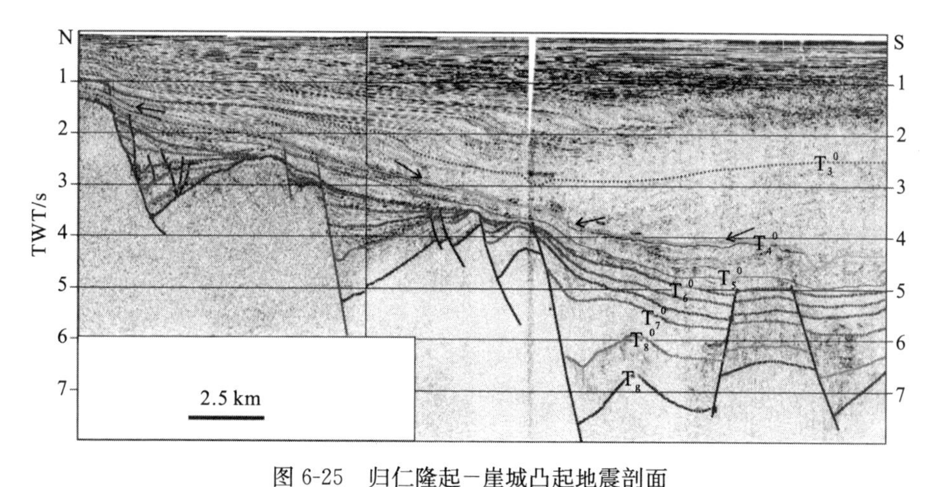

图 6-25　归仁隆起－崖城凸起地震剖面

（注意 T_4^0之上，崖城凸起向南的前积与红河扇向北的前积处于同一时期）

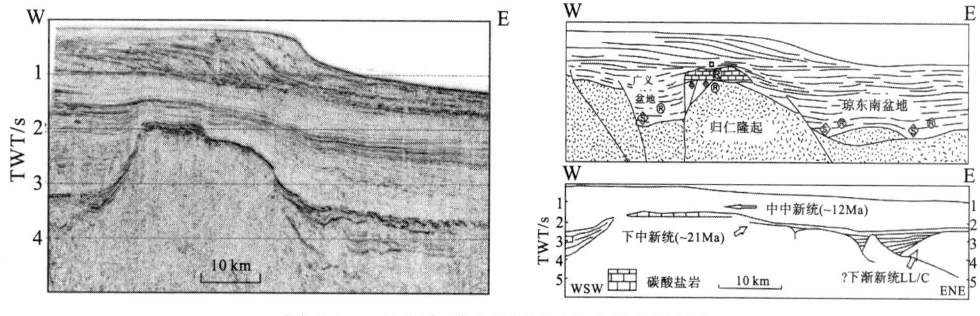

图 6-26　过归仁隆起的东西方向地震剖面

（左图来自文献［163］，右图来自文献［164］。注意：①图中碳酸盐岩台地顶部阶梯状地形，推测为台地为淹没过程中，台地顶部碳酸盐岩生长追补的结果；②凸起西侧多水平地震反射而东侧碳酸盐岩浊积扇之上发育一系列前积，反映了碳酸盐岩台地淹没－西侧堆积－东侧扇体前积的演化顺序）

而这些来自莺歌海盆地的物质的来源，由于资料缺乏，这里仅做初步分析。

从区域资料分析，可能的选择有两个：一是北部的红河物源，二是西部的中南半岛。

如此巨型的海底扇理应有广大的物源水系，因此，最可能的选择是进入莺歌海盆地的红河物源。图 6-27 对古红河水系与现今红河水系进行了对比。从图中看，古红河水系流域面积巨大，汇集了如今长江、湄公河以及珠江的水系，沉积物供应充沛。研究显示，红河流域主要的重大转变起自渐新世，同位素数据显示扬子克拉通的物源自始新世开始供应红河，但到中新世改道，转而供应珠江流域。而其余来自青藏高原的物源则继续汇入南海。

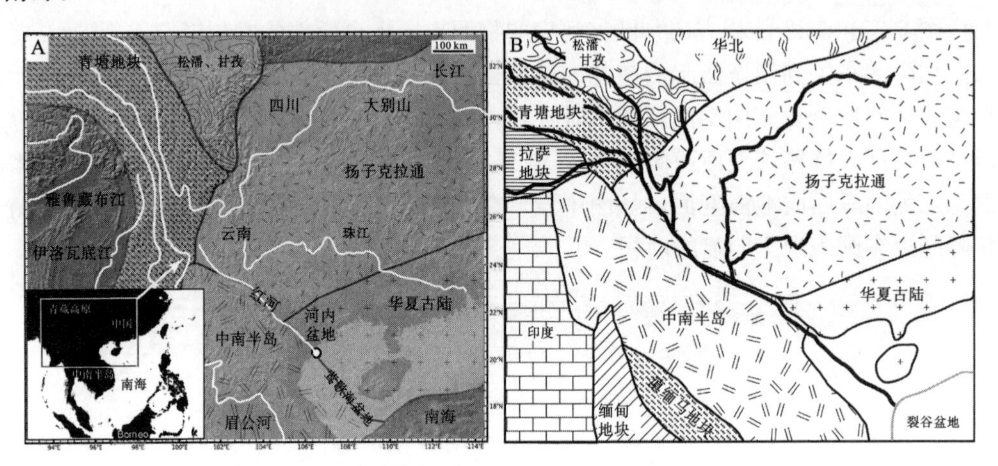

图 6-27　现今红河水系(A)与古红河水系(B)[165]

(古红河流域面积巨大，汇集了今天长江、湄公河、珠江的水系，沉积供应充沛)

青藏高原的形成是多期脉动性隆升的结果。施雅风等[166]研究认为青藏地区古近纪以来的隆升夷平过程包括三次构造隆升：45～38Ma，25～17Ma，3.4Ma 以来，期间为夷平阶段。对孟加拉扇沉积物的研究显示，喜马拉雅的脉动性隆升从 20Ma 前开始，10.9～7.5Ma 和 0.9Ma 至今为两大隆升高峰期，并于 8Ma 左右接近于目前的高度，这一结论得到了古气候学、阿拉伯海的沉积响应、藏南快速冷却事件、中印度洋地震异常等多方面证据的支持[167]。钟大赉等[168]从构造热事件入手并结合裂变径迹法，提出高原隆升分为 45～38Ma、25～17Ma、13～8Ma、3Ma 至今四个阶段，其中 3Ma 以来隆升最强烈。李廷栋[169]研究认为有 13Ma 和现今两个隆升高峰期。各位学者关于初始隆起的时间争议较大，但对于中、晚中新世期间的隆升则少有争议，该时期也是中南半岛隆升的时期[164]，更是红河扇形成的时期。这种对应性是红河物源供应红河扇的重要佐证。

15～5Ma 是红河断裂活动微弱的时期，是左行走滑逐步停止而右行走滑尚未开始的时期。大多数的研究显示 17～15Ma 后红河断裂无明显的活动证据。这可能是青藏高原伸展作用活跃及其第三期隆升作用的影响[170]。这就意味着主要依靠走滑拉分沉降的莺歌海盆地在该时期无法产生大量可容空间，从而造成物质充填盆地并向外搬运。这是红河扇形成的重要条件。

将红河扇投到莺歌海盆地古近系古地形简图(图 6-28)上，可以看出红河扇的物质主要越过归仁隆起，而不是从归仁隆起和崖城低凸起之间的低洼处进入琼东南盆地。如果物源来自北部，为何不是由凸起间的低洼处进入琼东南盆地？这种现象的原因还需进一步结合其他资料来进行分析。一种可能的解释是红河扇的物源来自中南半岛，如此就可以解释红河扇自西向东前积方向和跨越归仁隆起进入琼东南盆地的现象。从现有的资料分析，莺歌海盆地确实存在来自西部的物源，但是并非主导，其主要的物质来源仍然是红河水系。

从图 6-27 看，归仁隆起西侧的广义地堑 T_4^0 之上地震反射主要为近水平的反射轴，并没有见到明显的自西向东的前积。因此，本书推测 10Ma 以后的归仁隆起西侧沉积主要来自北部的红河物源。并且 10～6Ma 是中中新世以来红河三角洲向南整体推进最远的时期，南部归仁隆起仅发育小部分的碳酸盐岩台地[163]。

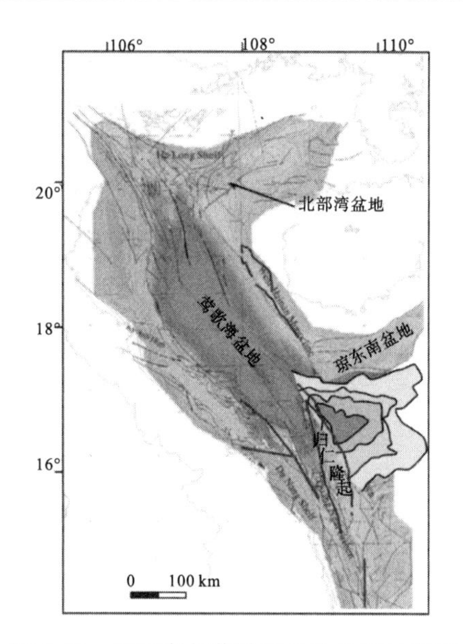

图 6-28　红河扇与莺歌海盆地关系示意图
（底图来自文献［163］）

从研究区地震剖面看，虽然沉积中心往往处于归仁隆起的北东方向，但是从地震反射看，北部为主要物质堆积的区域，地震反射表现为杂乱特征，推测为快速堆积，而南部斜坡则沉积厚度小，多为高连续弱振幅，反映物质分选性好，细粒物质含量高。这种自北向南的物质分异反映了一定的物源信息。

以北部红河物源为主的物源并不排斥来自中南半岛的物源。红河扇发育的时期与中南半岛的隆起时间一致，加之这些隆起与红河扇的沉积具有近源优势，因此红河扇很可能是北部红河物源与西部中南半岛物源的共同作用的结果。

由此，可重塑该区域中新世以来的演化历史。中中新世，归仁隆起东、西部均处于浅海沉积环境，西部莺歌海盆地发育来自北部的红河三角洲，其南部归仁隆起发育大规模的碳酸盐岩台地。晚中新世随着陆坡坳陷带的沉降，归仁隆起逐步沉入水下，碳酸盐岩沉积随即终止(图 6-26)。此后，随着青藏高原和中南半岛的隆升，本区物质供应充分，迅速充填了莺歌海盆地底部，达到已经沉没的归仁隆起的高度，后续的物质供应跨越归仁隆起进入乐东凹陷。而该凹陷当时正在逐步沉降，产生了大量可容空间。因此，来自青藏高原和中南半岛的碎屑物质在归仁隆起东侧迅速堆积。由于盆地持续沉降产生新的可容空间，因此红河扇并没有进一步向东扩张，沉积中心一直在归仁隆起东侧的乐东凹陷内迁移。从而在该处形成了厚达 2000m 的巨大海底扇。5.5Ma 以后，随着青藏高原隆起减弱，沉积供应减少。同时红河断裂的右行走滑活动，莺歌海盆地可容空间增大，致使供应红河扇的沉积物质减少变细，沉积速率减小。

由于沉积速率经历了由慢到快再到慢的过程，本书推测在堆积高峰时期，快速堆积的 H3 应当具有更多的粗碎屑堆积。地震反演的结果印证了这种判断(图 6-29)。

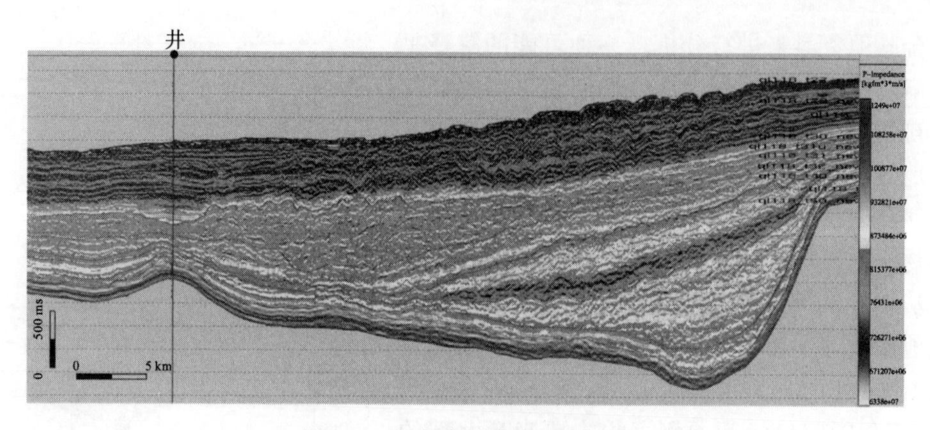

图 6-29　红河扇反演波阻抗剖面

6.5　陆坡调整模式

经过以上对沉积类型、沉积规律、典型沉积的介绍，本书对南海西北部陆坡的调整变换模式进行了简单的总结。

对于缓慢坳陷阶段的陆坡，由于距离陆地过远，内源沉积对陆坡的调整有限，其主要控制因素在于构造活动。不论早期中沙地块南缘断裂还是晚期中沙海槽的沉陷，均是由构造运动主导对陆坡的调整。

进入快速坳陷阶段，由于海盆扩张停止，构造活动主要不是表现为水平方向的拉张，而是垂向的升降。随着陆坡范围的进一步扩大，陆坡调整的主要控制因素也有所变化。

前已述及，对于南海西北部陆坡来说，其物源分作两大类，并且各自具有不同的搬运方向，各个物源的控制因素也各不相同。因此，南海西北部陆坡的调整模式应综合考虑各类控制因素。

对于琼东南盆地北部陆源碎屑控制的陆坡段的调整模式，Xie 等[138]已经有较为成熟的研究。他们将北部陆坡分为物源供给充足的莺歌海模式和物源供给不足的琼东南模式。由于二者均属于北部陆源供给，受控因素基本一致，并且本书重点考察的是琼东南盆地北坡的陆坡调整，因此本书对其进行了简化，归结为一类，即陆源碎屑控制域。

对于南部碳酸盐岩台地沉积，隆起及斜坡的碳酸盐岩沉积具有一定规律性。在缓慢坳陷阶段陆坡隆起及其斜坡带均发育碳酸盐岩台地，晚中新世以后盆地沉降，海平面上升，原来的生物礁多被淹没。陆坡隆起带高部位可继续碳酸盐岩台地沉积，而隆起带低部位及隆起斜坡带，则只有在海平面下降时期，可间歇式发育碳酸盐岩台地，其滑塌扇体发育较少，并且礁体多加积生长(图 6-30)。

综合南海北部陆坡的总体特征，本书建立了快速坳陷阶段陆坡调整模式(图 6-31)。在此过程中要综合考虑盆地不均匀沉降、物源供应、海平面变化三个因素。人们在研究中常将盆地沉降和海平面上升综合为相对海平面变化，但是研究显示二者产生的效应并不等同，尤其是当盆地沉降不均一的时候。因此，本书引入平衡点的方法，并将平衡点作为海平面变化速度等于沉降速度的分界[171]。

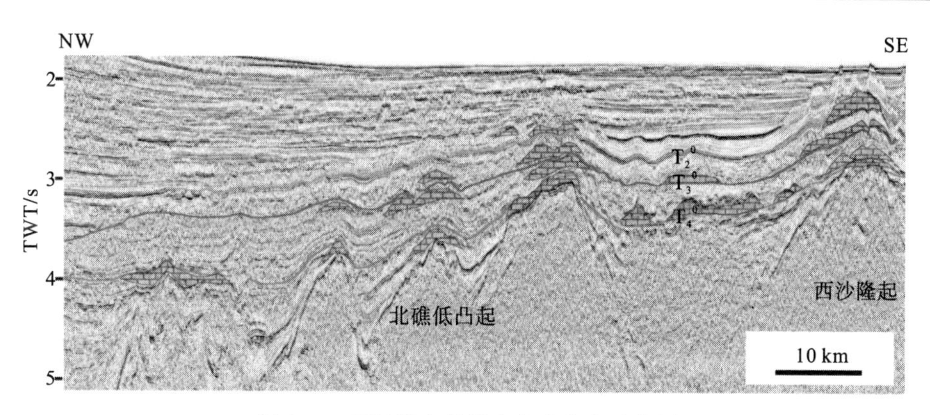

图 6-30　西沙隆起北坡生物礁发育示意图

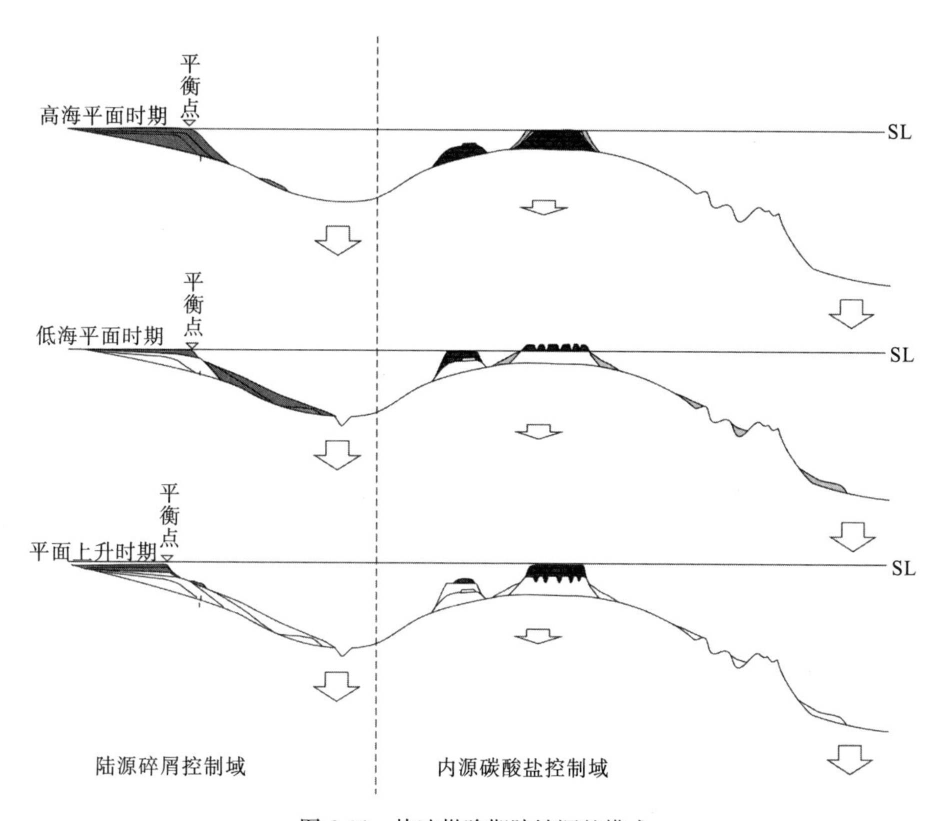

图 6-31　快速拗陷期陆坡调整模式

在海平面较高的时期平衡点向盆地移动，北部陆源碎屑控制域由于盆地中央沉降高于边部，因此靠盆地一侧可容空间增长快，沉积坡度逐步增高。同时，有部分沉积可形成小型滑塌堆积于陆坡之上。在南部碳酸盐岩控制域的隆起区，相对稳定的海平面促进了台地扩展，台地面积增大，坡度随之增大；在斜坡区(如北礁低凸起)的台地则多处于淹没状态。

在海平面较低的时期，平衡点向盆地移动，但是由于沉降的不均一性，南部沉降大而北部沉降小，物质先充填陆架之后才可进一步向南推进，因此平衡点南移有限。这种堆积增加了沉积坡度，容易造成重力失稳，产生陆架边缘滑塌，使得沉积的坡度减缓，并在坡脚沉积海底扇，汇聚的物质在地形限制下继续沿着坳陷带中央向东运动，冲蚀形成峡谷，并被后期的浊流填充。在南部陆坡隆起带高部位的台地遭受剥蚀，部分喀斯特化。由于本区持续沉降，这种作用较为有限。但可造成大面积的滑塌，其物质可通过南北向的峡谷向南、北搬运，使得坡度减缓。尤其在南部，这种作用在上坡位置常常形成深切的峡谷，裹挟的物质在下游沉积，在一定程度上平衡陆坡。这一过程中，阶梯状斜坡上可形成斜坡扇，盆底可形成海底扇。

在海平面上升阶段，由于盆地沉降的叠加效应，可容空间增长迅速。北部平衡点向岸移动，物质堆积主要在陆架上，前缘变陡，可造成小规模滑塌。在南部隆起带由于可容空间垂向增大，碳酸盐岩台地垂向追补，其坡度进一步变陡，并且少有物质供应给周边地区。

第7章　油气成藏条件及勘探方向

本章对南海西北部陆坡与典型被动大陆边缘盆地的油气成藏条件进行了对比分析，指出南海西北部陆坡的油气勘探在借鉴典型被动陆缘的勘探经验时需要充分考虑本区域特色。通过对陆坡坳陷带、隆内斜坡带、陆坡隆起带的油气成藏条件进行比较分析，指出南海西北部陆坡隆内斜坡带在断拗转换阶段和缓慢拗陷阶段形成的非深水储集层是南海西北部深水区勘探的首选方向。

7.1　南海西北部与典型被动陆缘盆地油气成藏条件比较

7.1.1　烃源岩

1. 典型被动陆缘盆地烃源岩特征

典型被动陆缘盆地的烃源岩主要发现于侏罗系、白垩系、古近系和新近系当中。被动大陆边缘往往经历多个演化阶段，发育多个构造层序，因此也可以发育多套烃源岩。一般常见的油气来源有三种：陆相湖盆烃源岩、深海相烃源岩和热带地区陆源植物碎屑[4]。

陆相湖盆的烃源岩主要形成于裂陷期，例如在巴西的坎波斯盆地、西部非洲的部分地区。该类源岩主要为富含有机质的湖相泥岩/页岩以及泥灰岩，占深水烃源岩80%以上，是最重要的优质生烃母岩[172,173]。

深水海相烃源岩可以在裂陷期发育，也可以在漂移期发育。漂移早期的页岩或泥灰岩是重要的烃源岩，如坎波斯盆地Alagoas组、加蓬盆地Dentale组、下刚果盆地Chela组等。长期持续的深海、半深海沉积往往能够产生良好的烃源岩。

在一些赤道地区，古近系和新近系陆地植物有助于生成烃源岩。这类源岩在海岸和浅海沉积中心发育，容易生成天然气。目前资料表明，尼日利亚、文莱和东南亚婆罗洲等地发育有此类源岩[4]。

总体来看，被动大陆边缘的各个演化阶段都可以发育烃源岩。其中断陷层序中的湖相页岩、泥岩为各个盆地最重要的烃源岩；过渡层序的页岩或介壳灰岩是次要烃源岩；漂移早期层序中的海相烃源岩，也是次要烃源岩；漂移晚期海相烃源岩由于埋藏浅，只有在其深部才具有生烃潜力。

2. 南海西北部烃源岩特征

对区域勘探的调查显示，南海西北部陆坡区可能的烃源岩主要有四种类型：

1)湖相烃源岩

湖相源岩在南海西北部陆坡尚未钻遇，但可依据间接证据推断其始新统具有湖相源岩。主要证据包括[63]：①从沉积相推断，研究区经历了由陆到海的演化过程，琼东南盆地、中建盆地等在始新世均发育陆相湖盆；②从地化指标看，松涛 24-1-1、莺 9、崖城 14-1-1 及宝岛 15-3-1 井原油样品分析结果显示丰富的 C_{30} 4-甲基甾烷，其丰度与珠江口盆地、北部湾盆地相当；③从地震剖面特征看，与珠江口盆地、北部湾盆地类似，本区始新统表现为平行、连续、低频地震反射特征，并具有明显旋回性[63]。推测南海西北部的始新统具良好的生烃潜力。

2)海陆交互相烃源岩

此类源岩的典型代表是琼东南盆地北部的崖 13-1 等气田。在该气田，此类源岩主要由煤夹层、炭质泥岩及泥岩构成。研究显示，海岸平原、冲积扇、扇三角洲相沉积的烃源岩有机质丰度普遍偏高，高有机质丰度段主要集中在高位体系域和海侵体系域[63]。

该区崖城组普遍含煤，其单层有机质丰度在南海西北部目前钻遇地层中是最高的。泥岩、钙质泥岩和煤的 TOC 含量不同，煤的 TOC 含量介于 19.9%～95.9%，平均 55.4%，炭质泥岩平均为 8.22%，崖北凹陷的泥岩平均为 0.54%，崖南凹陷则为 0.98%。岩样热解的"S_1+S_2"为 14～143mg/g。镜下发现，干酪根含有 40%～80%的镜质体和惰质体以及 10%～30%的无定形有机体，主要为Ⅲ和$Ⅱ_2$型干酪根。干酪根 $\delta^{13}C$ 含量为−29.5‰～−27.16‰。

对于南海西北部陆坡来说，崖城组海陆交互相煤系源岩主要发育在海岸平原，相控特征明显。断陷期各个凹陷均有相当的海岸平原相分布，特别是在地形平缓的地区。北礁低凸起、华光凹陷南坡、中建盆地等均有大面积的海岸平原分布，推测为发育煤系源岩的有利区域。

3)近岸浅海相烃源岩

此类源岩对应于前述经典被动陆缘盆地烃源岩的第三种。目前对环崖南地区浅海相泥岩的统计结果显示，其有机质丰度总体较低，但局部仍然存在丰度较高的源岩。有机质类型以Ⅲ型为主，少量$Ⅱ_2$型，表明海相泥岩中有机质主要与陆地搬运或近岸海陆交互沉积的有机质搬运有关。其主要控制因素为古地形，靠近古隆起的海岸平原、冲积扇、扇三角洲、三角洲及河流入海口等可能是海相烃源岩发育的有利部位。

崖城组近岸海相烃源岩主要分布在靠近凹陷中央一侧。陵水组烃源岩主要发育在中部的陵二段，在北部已经有钻井证实。该段有机质丰度相对偏低，TOC 平均 0.59%，有机质类型以Ⅲ型为主[67]。中新统烃源岩包括三亚组、梅山组以及黄流组下部。琼东南盆地 YC35-1-1 井黄流组的 22 个样品有机碳平均值达 0.72%，YC19-1-1 井梅山组 20 个样品 TOC 平均值为 0.70%，均达到较好烃源岩的标准。

这类源岩的有机物质主要来自陆源碎屑物质，特别是植物碎屑。因此，该类源岩受物源影响较大，推测其主要分布在靠近大陆的琼东南盆地北部。另外，在大型隆起剥蚀区周边也有可能分布。

4)远岸海相烃源岩

在琼东南盆地北部，部分源岩有机质类型为$Ⅱ_2$型，又称为腐泥－腐植型或偏腐植型，有机质主要来源为浮游生物，也包括部分陆源碎屑有机质。在远离海岸的海域，陆源碎屑难以达到，不排除存在Ⅰ型干酪根为主的海相源岩，其有机质主要来源于海相浮游生物。

南海西北部自渐新世进入海相环境，具备长期发育海相烃源岩的条件，推测其远岸海相源岩生烃潜力巨大，且以生油为主，只是由于目前勘探集中在北部边缘，远岸海相源岩的潜力尚未充分体现。

这几类源岩中，需要特别注意煤系烃源岩，它是目前本区已经证实了的主力烃源岩。煤系烃源岩是指含煤岩系中具有生气能力的岩层，主要为陆相及海陆过渡相的煤层、暗色泥岩以及炭质泥岩[174]。

据统计[175]，煤成气占已发现的气田总储量的 70%以上。在世界范围的煤成烃盆地中，煤成气田占有相当大的比重[176]，气油比一般为 3∶1。我国自从有了煤成气理论指导勘探之后，煤成气储量在全国气层气储量中的比例不断上升，1997 年底上升到 50.9%。到 2005 年底，煤成气储量已占到全国天然气总储量的 70.07%[177]。

煤系源岩的形成与泥炭沼泽关系密切，泥炭沼泽的形成和发育是地质、水文、地貌、土壤、植物等多种自然因素综合作用的结果。发育泥炭沼泽的有利地区包括：滨海平原和与河流作用、冰川作用有关的内陆河湖地带。陈钟惠[179]、王东东等[178]、时华星等[174]论述了冲积扇、扇三角洲、河流、三角洲、滨岸五类沉积与煤层的形成关系。刘焕杰等[180]对海南岛红树林潮坪及红树林泥炭研究后肯定了红树林沼泽的成煤潜力。

南海西北部钻井显示，在层序的各个时期，均有煤层形成，其形成的沉积环境均为海岸平原。南海西北部陆坡区长期发育海相断陷，在断陷缓坡的海岸平原中容易发育煤系源岩。

7.1.2 储集层

1. 典型被动陆缘盆地储集层特征

从目前的统计看(表 7-1)，典型被动大陆边缘的储集层以浊积砂岩为主，浅海相和河流相其次，碳酸盐岩较为少见。从层位上看，大部分深水油气主要发现于新生界，但是白垩系油气储量也在增长，但这种排序是否反映了储集性能的高低尚有待研究。目前参与统计的都是已经发现油气的储层，这些油气多分布在陆坡坳陷带，而由于对陆坡隆起带、斜坡带勘探少，发现也少，因此参与统计的储层不够，这是造成这种统计偏差的重要原因。

表 7-1　主要深水被动陆缘盆地储层特征(据文献［4］，有删改)

盆地	年代	类型	孔隙度/%	渗透率/mD	厚度/m
坎波斯	渐新世	浊积砂岩	25～30	5400	30～100
	晚白垩世	浊积砂岩	20～30	1000	>100
	晚白垩世	灰岩和浊积砂岩	33	1000～4000	115

续表

盆地	年代	类型	孔隙度/%	渗透率/mD	厚度/m
美国墨西哥湾	第四纪—上新世	深水浊积扇和水道砂	30	50～1350	单层 3～21
	中新世	深水浊积扇和水道砂	15～30	40～716	单层 3～23
	渐新世	海相砂岩	11～37	1～9000	单层 2.1～4
西非（加蓬）	中新世	浊积水道砂	30	1000	60
	晚白垩世	浊积砂岩	30	800	200
	早白垩世阿普第阶	河流、滨面砂	30	5000	50
	早白垩世巴列姆阶	湖相－三角洲砂	29	1000	200
尼日尔三角洲	上新世	海陆交互相砂岩（滩－坝－水道砂、浅海陆架砂）	40	1000～2000	100（单层>10）
	中新世		18～26	480	

实际上，被动大陆边缘从断陷期－过渡期－漂移期均有优质储层分布。如断陷期冲积－河流相砂岩、湖相砂岩、浊积岩、介壳灰岩；漂移早期的三角洲－滨岸砂岩和台地碳酸盐岩，以及漂移晚期各类深水重力流砂体。

2. 南海西北部陆坡储集层特征

南海西北部陆坡的主要储集岩类型包括基岩风化壳、浅滩砂岩、三角洲砂岩、浊积砂岩、浅海风暴砂岩及海流－潮流砂岩、海滩砂岩和碳酸盐岩等[181]。

在以上各种储集岩中，与构造活动相关的储集岩主要包括基岩风化壳、浅滩砂岩、近源及远源三角洲砂岩和浊积砂岩；与坳陷沉降和全球海平面变化相关的储集岩为碳酸盐岩和低位三角洲砂岩；其他储集岩，如海滩砂岩、浅海风暴、海流或潮流砂岩的发育主要受地貌控制，在构造活动强烈期或缓慢期均有明显发育。

1)断陷期扇三角洲－滨浅海相砂岩储层

该类储层主要分布在上渐新统陵水组一段及三段，地震响应为中－弱振幅。其厚度变化较大，它们是断陷盆地发育过程中与陡坡带和缓坡带的扇体及滨岸有关的砂体，具有较好的储集性能。

2)缓慢拗陷期三角洲－滨浅海相砂岩储层

该类储集层主要分布于三亚组。琼东南盆地北部钻井证实，三亚组一段为主要的含油气层段之一。该组沉积时期发育了大规模的三角洲体系，砂层横向发育稳定，储层厚度等值线平缓。砂岩单层厚度一般 1～21.5m，最厚 131.5m；孔隙度一般 12.4%～15.1%，最大 23.7%；渗透率平均 $343.4\times10^{-3}\mu m^2$，最大$16213\times10^{-3}\mu m^2$。

3)台地碳酸盐岩储层

台地碳酸盐岩储层主要为各种礁滩复合体及白云岩，可发育在三亚组、梅山组、黄流组及莺歌海组，主要发育在中新统梅山组一段及黄流组。其发育区域主要包括陆坡隆起带及其斜坡带，在陆架区也有该类储层发育[63]。

4)陆坡重力流砂岩储层

该类储层主要为各种类型的低位砂体，包括低位盆底扇[182]、斜坡扇、下切谷和进积楔砂体等，主要发育在黄流组和莺歌海组。

7.1.3　盖层

1. 典型被动陆缘盆地盖层特征

深海相沉积环境中多发育细粒沉积，可形成良好盖层。主要有三种，即区域性盖层、半区域性(地区性)盖层和局部性盖层。区域性盖层是指全盆地普遍存在的岩层，如桑托斯盆地的Ariri组蒸发岩；半区域性(地区性)盖层和局部性盖层则为地区或局部存在的盖层，多为储集层沉积后不久在其上沉积的页岩、泥岩。通常盖层需要厚达100～200m才可以保存大的气藏。在大于4km的深度，化学岩盖层(主要是盐岩，其次是硬石膏)发育最广。深层可靠盖层的发育应该与有利于盐岩和硬石膏沉积的蒸发型沉积作用密切相关。对于裂后层序中陆架上的过渡相及浅海相储层而言，其区域盖层为陆架浅海泥岩和陆坡半深海泥岩[4]。

2. 南海西北部陆坡盖层特征

南海西北部陆坡没有膏盐盖层，其区域性盖层有两套：一是缓慢拗陷期陆架泥岩；二是快速拗陷期陆坡半深海泥岩。前者主要分布在三亚组上部及梅山组上部；后者主要分布在莺歌海组、乐东组。

除了区域盖层之外，南海西北部陵二段为有利局部盖层。陵二期为主断陷期，该区多处于深水沉积环境，以细粒泥质沉积为主，具有较好的盖层沉积条件。

7.1.4　圈闭

1. 典型被动陆缘盆地圈闭特征

典型被动陆缘深水圈闭的类型多种多样。在西非深水区主要发育构造圈闭；在墨西哥湾盐岩运动形成的微盆地当中，构造－地层复合型圈闭最为普遍[183]；在尼日尔三角洲深水区的重力滑动褶皱带，构造圈闭为主要圈闭类型。虽然也可见到地层圈闭，但是仍然以构造－地层复合圈闭最为常见[4]。

与储层相似，这些圈闭主要分布于陆坡坳陷带，并且多位于漂移层序内。由型断裂活动或塑性地层的变形导致圈闭的形成，如盐枕、盐丘、盐岩刺穿及龟背斜等。而在裂陷层序内，圈闭类型主要有断块、基岩潜山、披覆背斜等，而这些往往因为埋深较大而不作为经济目标。

2. 南海西北部陆坡圈闭特征

南海西北部发育多种类型的圈闭，主要有：构造圈闭，包括披覆背斜圈闭、断鼻构造；地层圈闭，包括生物礁、地层超覆圈闭和不整合遮挡圈闭以及古潜山地层圈闭；岩性圈闭；构造-地层复合圈闭和构造-岩性复合圈闭。

构造圈闭主要发育在裂陷层序，往往沿着断裂分布，缓慢拗陷层序常在先前裂陷构造背景上还发育有一些较大型的披覆构造；地层圈闭主要分布在缓慢拗陷层序古潜山顶部及周边；岩性圈闭主要发育在快速拗陷层序，主要为深水重力流砂体，这些砂体夹在半深海泥岩当中，形成岩性圈闭。

7.1.5　运移和聚集

1. 典型被动陆缘盆地运移和聚集

在典型被动大陆边缘有时油气可以通过邻近断层直接进入圈闭，然而实际情况往往更加复杂，例如，塑性基底盆地通常发育大量断层和底辟构造，从而产生大量的垂直迁移通道。这些通道对漂移层序内的油气运移聚集意义重大。在断陷期和早期漂移期层序，油气运移的途径往往由砂体和断层组成，它们常直接沟通下伏的湖相烃源岩和上覆地层中的储层。

2. 南海西北部陆坡运移和聚集

与典型被动陆缘盆地比较，南海西北部缺乏有效沟通上部储层和下部油源的路径。在裂陷层序有大量的油源断层，但它们大多只能向上延伸到缓慢拗陷层序下部，而不能向上断达快速拗陷构造层。因此，相当于典型被动陆缘盆地中储层主力的快速拗陷层序浊积砂岩往往不能得到油气充注。裂陷层序中断层向上影响的层位对南海西北部成藏影响较大。在部分地区这类断层可以向上影响到梅山组乃至黄流组，从而具备了沟通源岩和上部储层的能力。

此外，前述的多边形断层沟通海相源岩与上部重力流储层也可作为一种可能的模式。

7.1.6　小结

1. 被动陆缘盆地深水成藏的关键控制因素

对于典型被动大陆边缘盆地来说，决定深水区油气勘探与开发的四个关键因素[4]包括：①一个地区复合了多个大型圈闭；②好的油气藏是深水工业油气勘探的必要条件；③必须有一个配置好的系统，该系统由下列部分组成：烃源岩具有良好的生烃潜力，油气生成较晚，具有良好的运移通道；④在钻井和试井中，针对不同的圈闭类型采用不同的成藏组合理论进行指导。

Weimer 等[4]总结了深水油气田基本成藏条件，指出对于大西洋两岸的典型被动陆缘盆地而言，深水重力流储层、与塑性地层相关的构造圈闭和油气输导条件是其深水油气藏形成的关键，而注入河流的规模以及盐岩、页岩塑性地层的发育程度则是关键的背景控制因素，据此将被动陆缘盆地分为四种类型以指导盆地的评价：①发育大型河流且塑性地层发育的深水盆地；②发育小型河流且塑性地层发育的深水盆地；③发育小型河流但塑性地层不发育的盆地；④以非深水储层为主的盆地。

表 7-2 列举了四种盆地的典型实例，本书注意到前三类盆地储量占据了深水油气的绝大部分，并且都以漂移层序的深水浊积岩储层为主要目的层。最后一种储集层并非在深水环境下形成，而是由早期浅水环境下形成，后期盆地沉降变为深水环境。举例来说，澳大利亚西北大陆架断陷期发育河流－三角洲体系，上覆的裂后层序较薄并下沉到深水区(水深>500m)。

表 7-2　四类被动陆缘盆地及其典型实例(据文献 [4]，有修改)

分类依据	类型	具体实例
按沉积充填特征(主要是盐岩、页岩的发育和盆地与河流之间的关系)	可塑性地层发育 并发育大型河流的深水盆地	下刚果盆地、墨西哥湾北部 尼日尔三角洲
	可塑性地层发育 并发育小型河流的深水盆地	巴西坎波斯盆地 婆罗岛文莱－沙巴、巴拉望等盆地
	具有小型河流 但可塑性地层不发育的盆地	挪威海大陆架中部的莫林盆地、维京盆地
	非深水储层盆地	澳大利亚西北大陆架 菲律宾的 Malampaya 油田 巴西坎波斯盆地 Albian 油田 琼东南盆地

2. 关于南海西北部陆坡与典型被动陆缘的成藏条件对比小结

首先需要明确一个前提，前述的种种对比中，典型被动陆缘盆地的代表所处的构造位置与本书陆坡分带中的陆坡坳陷带相对应。规模宏大的陆坡隆起带和斜坡带是南海西北部典型特征，也为该区勘探提供了广阔空间。

表 7-3 列举了典型被动陆缘盆地与南海西北部陆坡的成藏条件，二者相对比，其突出特点为：

表 7-3　典型被动陆缘盆地与南海西北部陆坡成藏条件对比

项目＼盆地	典型被动陆缘盆地		南海西北部陆坡陆坡	
烃源岩	侏罗系 白垩系 古近系 新近系	陆相湖盆烃源岩 深海相烃源岩 热带地区陆源植物碎屑	古近系 新近系	陆相湖盆烃源岩 深海相烃源岩 近岸海相烃源岩 海陆交互相煤系源岩(主力)
储集层	白垩系 古近系 新近系	断陷期冲积－河流相砂岩、湖相砂岩、浊积岩、介壳灰岩；漂移早期的三角洲－滨岸砂岩和台地碳酸盐岩；漂移晚期各类深水重力流砂体	古近系 新近系	断陷期扇三角洲砂体，缓慢坳陷期三角洲－滨浅海砂、台地碳酸盐岩；快速坳陷期重力流砂体
盖层	区域盖层主要为蒸发岩；半区域盖层和局部盖层多为页岩、泥岩		区域盖层为缓慢坳陷期陆架泥岩和快速坳陷期陆坡半深海泥岩；局部盖层为断陷晚期浅海泥岩	

续表

项目＼盆地	典型被动陆缘盆地	南海西北部陆坡陆坡
圈闭	多位于漂移层序内，主要有构造圈闭、构造-地层复合圈闭； 裂陷层序圈闭类型主要有断块、基岩潜山、披覆背斜等圈闭，埋深大	裂陷层序以构造圈闭为主； 缓慢拗陷层序以构造圈闭、地层圈闭为主； 快速拗陷层序以岩性圈闭为主
运移和聚集	漂移层序内以断层为主，在塑性基底盆地主要为断层、底辟； 在断陷期和缓慢拗陷期层序主要为砂体、断层	裂陷层序和缓慢拗陷层序以断层为主；快速拗陷层序缺乏沟通，局部可以砂体、多边形断层沟通

从源岩角度看，典型被动陆缘盆地以裂陷层序湖相源岩最为富足，而南海西北部目前证实的源岩主要为崖城期海陆交互相煤系源岩。

从储层角度看，典型被动陆缘盆地以漂移期浊积砂岩为主，而南海西北部虽然有红河物源，但是由于中间发育了宽广的陆架，能运移到本区的沉积物多以细粒物质为主，储集性能差。南海西北部陆坡的主力储层为缓慢拗陷层序的三角洲-滨岸砂体。

从盖层条件看，主要差别在于南海西北部不发育大面积分布的蒸发岩层。

从圈闭运移条件看，典型被动陆缘盆地大多发育了巨型塑性层，塑性层的活动多产生重力刺穿构造和重力滑动褶皱，可形成良好圈闭，同时底辟和断层为油气上移提供了通道。南海西北部陆坡缺乏此类沟通上下的通道，有效的圈闭主要集中在断陷层序和缓慢拗陷层序。

因此，南海西北部陆坡与典型被动陆缘盆地的成藏条件差异较大，简单照搬世界被动陆缘盆地的经验并不可取。在这种情况下，从南海西北部实际情况出发，探寻其勘探方向十分必要。南海西北部陆坡的典型特征在于拥有广阔的陆坡隆起带及其斜坡带，对这些地区的研究将是该区油气勘探可能的突破口。谢文彦等[104]已经认识到这一区域的重要性，但是对于这样一个研究的处女地来说，还需要大量的基础工作。本书在其研究的基础上，继续对南海西北部陆坡进行研究。

7.2　南海西北部陆坡油气成藏条件比较研究及有利勘探方向

南海西北部陆坡面积广大，地质情况复杂，在这种情况下，分区分带进行成藏条件的研究成为必然的选择。前已述及，南海西北部陆坡可分为五个带，每个带内部又分作不同的段。本书暂且对其中研究较少的陆坡坳陷带、隆内斜坡带以及陆坡隆起带进行初步分析(表 7-4)，以期在有利勘探方向方面有所贡献。

这里需要特别指出的是，陆坡隆起带岩浆作用强烈(第 5 章)，这势必对陆坡隆起带的油气成藏产生重大影响。初步分析，岩浆活动对油气成藏的影响有以下几个方面：

(1)陆坡隆起带埋深浅，源岩往往不能达到成熟门限。岩浆作用促使该区地温梯度增高，加速油气成熟。

表 7-4　南海西北部陆坡成藏条件对比

项目		陆坡坳陷带		隆内斜坡带		陆坡隆起带	
烃源岩	湖相烃源岩	始新世	岭头组，成熟，推测	始新世	华光凹陷岭头组，成熟，推测	始新世	中建盆地岭头组，成熟，推测
	海陆过渡相煤系源岩	渐新世早期	崖城组，成熟，已证实	渐新世早期	北礁低凸起、华光凹陷崖城组，成熟，推测	渐新世早期	中建盆地崖城组，成熟，推测
	近岸海相源岩	渐新世	崖城组，成熟，已证实； 陵水组，成熟，推测	渐新世	华光凹陷崖城组，成熟，推测； 陵水组，未成熟－成熟，推测	渐新世早期	中建盆地崖城组，成熟，推测
	远岸海相源岩	渐新世	崖城组－陵水组，推测	渐新世	华光凹陷崖城组，成熟，推测； 陵水组，未成熟－成熟，推测	渐新世	中建盆地崖城组，推测 陵水组，未成熟，推测
储集层	扇三角洲砂体	渐新世	崖城组－陵三段 陵一段顶部		同左		同左
	浅海三角洲砂体	早－中中新世	三亚组，梅山组	早中新世	三亚组		同左
	碳酸盐岩储层			中－晚中新世	梅山组、黄流组	早中新世—上新世	梅山组、黄流组、莺歌海组生物礁
	重力流砂体	晚中新世－全新世	黄流组、莺歌海组、乐东组		同左	中新世—上新世	三亚组、梅山组、黄流组碳酸盐岩浊积体系
盖层	区域盖层	三亚组上部浅海泥岩及梅山组上部灰质泥岩，相对较薄，稳定 莺歌海组、乐东组半深海泥岩，厚度大		三亚组上部浅海泥岩及梅山组上部灰质泥岩，相对较薄，稳定 莺歌海组、乐东组半深海泥岩		同左	
	局部盖层	陵二段浅海泥岩		同左		同左	
储盖组合	下部组合	崖一段陵三段扇三角洲砂岩与陵二段浅海泥岩		同左		同左	
	中部碎屑岩组合	陵一段顶部及三亚组底部三角洲砂岩与三亚组上部浅海泥岩		同左		同左	
	中部碳酸盐岩组合	三亚组、梅山组生物礁与梅山组上部浅海泥岩、黄流组及莺歌海组半深海泥岩		同左		三亚组、梅山组生物礁/浊积岩与梅山组上部浅海泥岩、黄流组及莺歌海组半深海泥岩	
	上部组合	黄流组及莺歌海组内重力砂体与上覆半深海泥岩		局部发育			
圈闭	裂陷层序	断块、断鼻、背斜、岩性圈闭		同左		同左	
	缓慢拗陷层序	披覆背斜、潜山、岩性圈闭		披覆背斜、生物礁、潜山、岩性圈闭		披覆背斜、潜山、生物礁圈闭	
	快速拗陷层序	岩性圈闭		局部发育岩性圈闭		岩性圈闭	

续表

带 项目	陆坡坳陷带	隆内斜坡带	陆坡隆起带
运移和聚集	断层，可断至陵水组或三亚组底部； 断层和缓慢拗陷期三角洲砂体； 断层和缓慢拗陷早期三角洲砂体以及快速拗陷期水道砂	断层，可断至陵水组或三亚组底部，部分断至梅山组； 断层和缓慢拗陷期三角洲砂体/生物礁； 断层和缓慢拗陷期下部三角洲砂体/生物礁以及快速拗陷期水道砂； 多边形断层和快速拗陷期水道砂	断层，可断至陵水组或三亚组乃至梅山组； 断层和缓慢拗陷期三角洲砂体/生物礁
其他	埋深大、水深大		岩浆活动强、埋深浅

(2)岩浆活动改变了局部地区的构造形态，形成一系列相关构造。例如由于岩浆侵入，导致上覆地层上拱形成背斜圈闭，一定程度上弥补了由于构造微弱导致上部层序缺乏圈闭的问题。典型实例是中苏门答腊盆地，该盆地面积约 11×10^4 km²，拥有两个世界级大油田，但盆地基底埋深很浅，一般小于 2500m，始新世—渐新世裂陷期发育优质湖相烃源岩(Pematang 群)。其源岩成熟的原因在于盆地地温梯度较高，平均为 61℃/km，盆地生油门限深度约为 1200m。

(3)火山带来的高温也可破坏油气，导致油气过成熟或被烧毁。

(4)岩浆喷发、侵入等活动可以破坏已有的圈闭，导致圈闭失效。

由此，岩浆活动对成藏的作用需要从正反两方面分析，特别是岩浆活动的期次与成藏关键时刻的关系等，都需要进行深入研究才可确定。

经过以上对比分析，本书从以下几个方面进行简要总结：

1. 烃源岩

陆坡坳陷带的生烃层位最多，各类源岩均有，目前来看仍是以生气为主。隆内斜坡带东、西部区别明显，东部北礁低凸起上，崖城组浅海相源岩不发育，但煤系源岩较为发育，以生气为主。西部的华光凹陷始新统、崖城组和陵水组均处于生烃窗内，油气并存，并且以生油为主。陆坡隆起带陵水组海相源岩不成熟，只发育始新统和崖城组两套烃源岩，油气并存。

2. 储盖组合

从储层的角度看，各带裂陷层序储层基本一致。对于缓慢拗陷层序来说，陆坡坳陷带缺乏碳酸盐岩储层，但三角洲砂岩较为发育，其它带主要发育碳酸盐岩储层。快速拗陷层序重力流储层各个带均有发育，其中陆坡坳陷带及隆内斜坡带的重力流储层意义较为重大。

从盖层角度看，各带区域盖层基本一致，在隆内斜坡带的北礁低凸起、陆坡隆起带的西沙隆起、广乐隆起不发育局部盖层。

从储盖组合看，陆坡坳陷带四套储盖组合都有，但是因埋深特别大，除了上部组合以外，其埋深基本上已超出了经济勘探深度。隆内斜坡带西部华光凹陷上部组合仅在局部发育，大部分地区与陆坡坳陷带基本一致。东部北礁低凸起只发育中部碳酸盐岩组合。在陆坡隆起带，其上部组合不发育，中部碎屑岩组合、中部碳酸盐组合、下部组合发育较好。

总体来看，陆坡坳陷带有效储盖组合只有一套，隆内斜坡带东部北礁低凸起也只有一套有效组合，而西部华光凹陷则有多套有效的储盖组合叠置，是最有利的区带。陆坡隆起带仅下部组合和中部碳酸盐岩组合有效，特别是对于西沙隆起和广乐隆起来说，实际有效的仅有中部碳酸盐岩组合。相较而言，隆内斜坡带储盖组合最为有利。

3. 圈闭及运移条件

南海西北部除了垂向拗陷作用之外，总体断裂活动和水平挤压活动不强烈，也不发育类似墨西哥湾的盐构造和类似莺歌海盆地的泥底辟，导致上部组合缺乏构造圈闭。断层主要分布在裂陷层序，很少向上断入快速拗陷层序。断层上延不足以及泥底辟不发育造成该区缺少沟通深部烃源岩与浅部深海扇砂体的输导体系。因此，典型被动陆缘以深水浊积砂体为主要目标的勘探经验对南海西北部陆坡并不适合。

相对于陆坡坳陷带，隆内斜坡带的疏导网络类型更多，效率更高。不论东部的北礁低凸起，还是西部的华光凹陷，其裂陷层序都以一系列半地堑为主，构造圈闭类型多样，断裂输导条件也较好。由于断层上延层位较高，因此其疏导能力更高。特别是在北礁低凸起，部分断层可延伸到梅山组生物礁当中。不论东部还是西部，均有大规模的披覆背斜圈闭和地层圈闭，部分圈闭面积达数百平方千米。

陆坡隆起带有效储盖组合为下部断陷组合和中部碎屑岩组合、碳酸盐岩组合。与其他带相比较，其构造更为复杂，圈闭类型众多。从规模上看，常发育巨型的披覆背斜，聚集油气的能力更为强大。从疏导体系看，断裂上延可达梅山组，而且多为长期活动的断裂，疏导能力较好。该带油气聚集的主要问题在于两点：一是埋深浅，源岩成熟度难以保证；二是火山活动强烈，其对油气成藏的影响暂时难以准确预计。

总体来看，隆内斜坡带、陆坡隆起带面积广大，储盖组合、圈闭、疏导等都具有优势，具有重要的勘探前景。二者当中，隆内斜坡带成藏条件更好，埋藏适中，且岩浆活动弱，具有更好的油气勘探前景。

第8章 结　　论

本书对南海西北部陆坡的地质结构、构造、沉积和成藏条件等进行了研究，取得以下认识：

(1)根据地貌、地壳结构、构造单元等方面的差异将南海北部被动陆缘划分为西、中、东三段，各段在地质结构、构造沉积演化等方面各具特色。

(2)岩浆活动对南海海盆扩张不起主导作用，南海北部大陆边缘西、中、东各段均属于非火山型被动大陆边缘，南海是在被动裂谷基础上发育起来的。

(3)由陆坡转换不整合、分离不整合和裂开不整合为界将南海北部被动大陆边缘西段新生界划分为裂陷层序、缓慢拗陷层序、快速拗陷层序三个构造层序。并据构造层序进行了区带划分。裂后层序的区划以缓慢拗陷层序的厚度为标准，结合分离不整合面的构造特征进行，将南海西北部陆坡划分为陆架外缘隆起、陆坡坳陷、隆内斜坡、陆坡隆起、隆外斜坡五个带。这种陆坡分带性具有普遍性，其中南海西北部基底固结程度弱、横向不均一性强、地壳发生不均匀减薄和活跃的地幔隆起区一道控制坳陷与隆起的形成分布，继而影响各个阶段的分带性。

(4)南海西北部陆坡各个带在断裂特征、构造样式、盆地结构、沉降史及岩浆活动等方面存在较大差异。在断陷期，陆坡坳陷带断层活动性强，多发育地堑，凹陷表现为“盆大水深”特征；陆坡隆起带具有明显的盆地坳陷特征，地堑、半地堑并存，表现为“盆更大而水浅”的特征；陆架外缘斜坡及隆内斜坡带以半地堑为主，沉积厚度介于隆起带和坳陷带之间；隆外斜坡带则主要发育地堑，显示靠近洋盆拉张越强烈。岩浆活动总体具有向海盆方向增强的特征，在不同地质时期、不同构造单元又有所差异。

(5)南海西北部快速拗陷期地层普遍发育多边形断层系统，它们具有独特的几何特征，其形成机制与盆地超压、岩浆热活动有关。

(6)南海西北部陆坡经历了两个演化阶段，缓慢拗陷期为宽陆架、窄陆坡，快速拗陷期为窄陆架、宽陆坡；陆架坡折在此过程中发生了两次跃迁。期间西北部陆坡东部先形成分离不整合，然后向西扩展；陆坡转换不整合的形成受构造沉降和沉积供应联合控制，西部乐东凹陷和东部宝岛凹陷先发育陆坡转换不整合，而中部陵水凹陷、松南凹陷稍晚发育。

(7)南海西北部陆坡在裂陷早期以近物源扇体和强分隔性湖泊及局限浅海沉积为特色。在裂陷晚期，随着断裂活动减弱和地形变得开阔平缓，相应发育了大型三角洲及滨岸体系。缓慢拗陷期以平缓地形背景下的滨浅海和碳酸盐岩台地沉积为特色。快速拗陷阶段则以大规模陆坡进积楔状体为标志，形成下切谷－海底扇体系。琼东南盆地西部发育巨型红河扇，而在南部陆坡隆起及斜坡带，随着盆地整体沉降，形成孤立碳酸盐岩台地、淹没台地和台缘斜坡沉积。

(8)海相断陷是研究区的一大特色，与陆相断陷湖盆相比较，在物源、沉积相带、沉积控制因素方面均有明显差异。

(9)受隆起、凸起、突起三种构造背景的控制，外加海平面变化的效应，研究区发育了具有不同沉积特征和演化过程的孤立台地沉积。

(10)晚中新世，受青藏高原隆起及中南半岛隆升的影响，研究区发育了巨型海底扇，即红河扇。其经历了四个演化阶段，沉积中心先沿着归仁隆起向北迁移，后又转移到远离归仁隆起的北东方向。沉积速率经历了慢－快－慢的过程，沉积物粒度也由细到粗再到细。

(11)晚中新世以来，研究区发育了类型丰富的海底重力流体系。以物源区分，则有外源碎屑物源和内源碳酸盐岩物源两大类；从沉积构成看，可识别出滑塌体、滑塌－浊积扇、大型海底扇、峡谷重力流充填、浊积水道充填等类型。总之，研究区发育了五种重力流体系，即北部近距离陆源碎屑斜坡滑塌－浊积扇/海底扇、西部远距离陆源巨型海底扇、轴向峡谷重力流沉积、内碎屑碳酸盐岩滑塌－峡谷水道重力流沉积、碳酸盐岩台地边缘斜坡重力流沉积。它们具有物源、搬运方式等方面的不同。

(12)南海西北部陆坡经历了一系列调整。在缓慢拗陷阶段受构造控制，在快速拗陷阶段受盆地沉降、海平面上升及物源供应的联合控制。在高位期，平衡点向盆地移动，北部陆源碎屑控制区的沉积坡度逐步增高，南部碳酸盐岩控制域的隆起区在相对稳定的海平面背景下扩展，面积增大，坡度增大；斜坡区的台地则多处于淹没状态。在低位期，北部斜坡易发生重力失稳，陆架边缘滑塌使得沉积坡度减缓，并在坡脚沉积海底扇，并发育轴向峡谷水道沉积。南部陆坡隆起带高部位的台地遭受剥蚀，并发生大面积的滑塌，使得坡度减缓。在海平面上升阶段北部物质主要堆积在陆架上，陆架坡折以下，可发育小规模滑塌。在南部隆起带碳酸盐岩台地垂向追补，其坡度进一步变陡。

(13)南海西北部陆坡的油气成藏条件和典型被动大陆边缘盆地既有共性，又存在巨大差异，该区油气勘探应充分考虑本地地质特征。在陆坡各个区带中，隆内斜坡带发育有较大规模的优质烃源岩，且发育多套储盖组合，储层条件及盖层条件十分优越。该带断拗转换期和缓慢拗陷期形成的非深水储集层是其深水油气勘探的首选方向。

参考文献

[1] Anderson J E. Controls on turbidite sand deposition during gravity-driven extension of a passive margin：examples from Miocene sediments in Block 4，Angola[J]. Marine and Petroleum Geology，2000，17(10)：1165-1203.

[2] Deluca M. Deepwater discoveries keep West Africa at global forefront[J]. Offshore，1999，59(2)：23-33.

[3] Pettingill H S，Weimer P. Deepwater remains is immature frontier[J]. Offshore，2002，62(10)：48-52.

[4] Weimer P. 深水油气地质导论[M]. 姚根顺，等译. 北京：石油工业出版社，2012.

[5] 张功成，屈红军，刘世翔，等. 边缘海构造旋回控制南海深水区油气成藏[J]. 石油学报，2015，36(5)：533-545.

[6] 张功成，米立军，吴时国，等. 深水区——南海北部大陆边缘盆地油气勘探新领域[J]. 石油学报，2007，28(2)：15-21.

[7] 李家彪. 中国边缘海形成演化与资源效应[M]. 北京：海洋出版社，2008.

[8] Ferguson A. Control of regional and local structural development on the depositional stacking patterns of deep water sediments in offshore Brunei Darussalam[Z]. Indonesian Petroleum Association Conference Abstracts，2004.

[9] Pettingill H S，Weimer P. World wide deep water exploration and production：past，present，and future[J]. The Leading Edge，2002，21(4)：371-376.

[10] Bally A W. Basins and subsidence：a summary [A] //Bally A W，Bender P L，McGetchin T R，et al. Dynamics of Plate Interiors，Geodyn Ser[C]. Washington D C：American Geophysical Union，1980：5-20.

[11] Kingston D R，Dishroon C P，Williams P A. Global basin classification system[J]. AAPG Bulletin，1983，67(12)：2175-2193.

[12] Edwards J D，Santogrossi P A. 离散或被动大陆边缘盆地[M]. 北京：石油工业出版社，2000.

[13] Miall A D. Principles of Sedimentary Basin Analysis[M]. New York：Springer-Verlag，1984.

[14] Klein G V. Current aspects of basin analysis[J]. Sedimentary Geology，1987，50(1-3)：95-118.

[15] 陆克政，朱筱敏，漆家福. 含油气盆地分析[M]. 北京：石油工业出版社，2000.

[16] Bott M H P. Mechanisms of subsidence at passive continental margins[A] //Bally A W，Bender P L，McGetchin T R，et al. Dynamics of Plate Interiors，Geodyn. Ser. [C]. Washington D C：American Geophysical Union，1980：27-35.

[17] 陈发景，汪新文，陈昭年，等. 伸展断陷盆地分析[M]. 北京：地质出版社，2004.

[18] Vanney J R. Shelfbreak physiography：an overview[J] //Stanley D J，Moore G T. The shelfbreak：Critical Interface on Continental Margin. Society of Economic Paleontologists and Mineralogists：Tulsa，Oklahoma，1983，1-24.

[19] 王琦，朱而勤. 海洋沉积学[M]. 北京：科学出版社，1989.

[20] Ross W C，Halliwell B A，May J A，et al. Slope readjustment：a new model for the development of submarine fans and aprons[J]. Geology，1994，22(6)：511-514.

[21] Ludwig W J. The Manila Trench and West Luzon Trough-III. Seismic-refraction measurements[J]. Deep Sea Research and Oceanographic Abstracts，1970，17(3)：553-562.

[22] 吴世敏，周蒂，丘学林. 南海北部陆缘的构造属性问题[J]. 高校地质学报，2001，7(4)：419-426.

[23] 宋海斌，张关泉. 层状介质弹性参数反演问题研究综述[J]. 地球物理学进展 1998，13(4)：67-78.

[24] 姚伯初. 南海北部陆缘的地壳断裂及其在地壳拉伸中的作用[J]. 海洋地质，1996，2：46-59.

[25] 梁慧娴，李平鲁. 南海的构造演化及“南海型”大陆边缘[J]. 南海研究与开发 1991，1：1-7.

[26] 李思田，林畅松. 南海北部大陆边缘盆地幕式裂隙的动力过程及 10Ma 以来的构造事件[J]. 科学通报，1998，43(8)：797-810.

[27] 杨川恒，杜栩. 国外深水领域油气勘探新进展及我国南海北部陆坡深水区油气勘探潜力[J]. 地学前缘 2000，7(3)：247-256.

[28] 闫义，夏斌. 南海北缘新生代盆地沉积与构造演化及地球动力学背景[J]. 海洋地质与第四纪地质，2005，25(2)：53-61.

[29] 林长松，虞夏军，何拥华，等. 南海海盆扩张成因质疑[J]. 海洋学报，2006，28(1)：67-76.

[30] Taylor B，Hayes D E. The tectonic evolution of the South China Sea Basin[A] //Hayes D E. The Tectonic and Geologic Evolution of Southeast Asian Seas and Islands，Geophysical Monograph Series[C]. Washington D C：American Geophysical Union，1980.

[31] 姚伯初. 南海海盆在新生代的构造演化[J]. 南海地质研究 1991，3：9-23.

[32] Ru K，Piggot J D. Episodic rifting and subsidence in the South China Sea[J]. Am Assoc Petrol Geol Bull，1986，70：1136-1155.

[33] Karig D E. Plate convergence between the Philippines and the Ryukyu islands[J]. Marine Geology，1973，14(3)：153-168.

[34] Hilde T W C，Uyeda S，Kroenke L. Evolution of the Western Pacific and its margin[J]. Tectonophysics，1977，39(1-2)：145-152.

[35] 郭令智，施央申，马瑞士. 西太平洋中、新生代活动大陆边缘和岛弧构造的形成及演化[J]. 地质学报，1983，57(1)：11-21.

[36] Tapponnier P，Peltzer G，Ledain A Y. Propagating extrusion tectonics in Asia：new insights from simple experiments with plasticine[J]. Geology，1982，22(4)：611-616.

[37] Tapponnier P，Peltzer G，Armijo R. On the mechanics of the collision between India and Asia[J]. Geological Society London Special Publications，1986，19(1)：113.

[38] Tapponnier P，Meyer B，Avouac J P，et al. Active thrusting and folding in the Qilian Shan，and decoupling between upper crust and mantle in northeastern Tibet[J]. Earth and Planetary Science Letters，1990，97(3-4)：382-383.

[39] Briais A，Patriat P，Tapponnier P. Updated interpretation of magnetic anomalies and seafloor spreading in the South China Sea：implications for the Tertiary Tectonics of Southeast Asia[J]. J Geophys Res，1993，98(B4)：6299-6328.

[40] Morley C K. A tectonic model for the Tertiary evolution of strike-slip faults and rift basins in SE Asia[J]. Tectonophysics，2002，347(4)：189-215.

[41] 孙珍，钟志洪，周蒂，等. 南海的发育机制研究：相似模拟证据[J]. 中国科学 D 辑：地球科学，2006，36(9)：797-810.

[42] 吴世敏，丘学林，周蒂. 南海西缘新生代沉积盆地形成动力学探讨[J]. 大地构造与成矿学，2005，3：346-353.

[43] Wang J，Yin A，Harrison T M，et al. A tectonic model for Cenozoic igneous activities in the eastern Indo-Asian zone[J]. Earth and Planetary Science Letters，2001，188(2)：123-133.

[44] Flower M，Tamaki K，Hoang N. Mantle extrusion：a model for dispersed volcanism and DUPAL-like asthenosphere in East Asia and the Western Pacific[A] //Flower M，Chung S L，Lo C H. Mantle Dynamics and Plate Interactions in east Asia，Geodyn. Ser. 27[C]. Washington D C：American Geophysical Union，1998：67-88.

[45] Tamaki K. Upper mantle extrusion tectonics of Southeast Asia and formation of the western Pacific back-arc basins[A]. Workshop：Cenozoic Evolution of the Indochina Peninsula[C]. Hanoi/Do son，Abstract with Program，1995：89.

[46] 黄福林. 论南海的地壳结构及深部过程[J]. 海洋地质与第四纪地质，1986，1：31-42.

[47] 鄢全树，石学法，王昆山，等. 南海新生代碱性玄武岩主量、微量元素及 Sr-Nd-Pb 同位素研究[J]. 中国科学 D 辑：地球科学，2008，38(1)：56-71.

[48] 龚再升. 中国近海大油气田[M]. 北京：石油工业出版社，1997.

[49] Fukao Y，Maruyama S，Obayashi M，et al. Geologic implication of the whole mantle P-wave tomography[J].

Jour. Geol. Soc. Japan，1994，100(1)：4-23.
[50] 李思田，林畅松，张启明，等.南海北部大陆边缘盆地幕式裂陷的动力过程及10 Ma以来的构造事件[J].科学通报，1998，43(8)：797-810.
[51] 中国科学院南海海洋研究所海洋地质构造研究室.南海地质构造与陆缘扩张[M].北京：科学出版社，1988.
[52] 刘昭蜀，赵焕庭，范时清，等.南海地质[M].北京：科学出版社，2002.
[53] Taylor B，Hayes D E. Origin and history of the South China Sea Basin[A] //Hayes D E. The Tectonic and Geologic Evolution of Southeast Asian Seas and Islands，Part 2，Geophysical Monograph [C]. Washington D C：American Geophysical Union，1983：23-56.
[54] 姚伯初，曾维军，陈艺中，等.南海北部陆缘东部的地壳结构[J].地球物理学报，1994，37(1)：27-35.
[55] 姚伯初，曾维军，Hayes D E，等.中美合作调研南海地质专报GMSCS[M].北京：中国地质大学出版社，1994.
[56] Hall R. Reconstructing Cenozoic SE Asia[A] //Hall R，Blundell D J. Tectonic Evolution of Southeast Asia[C]. Geol. Soc. London，Spec. Publ. 1996：203-224.
[57] Holloway N H. The north Palawan block，Philippines：its relation to the Asian mainland and its role in the evolution of the South China Sea[J]. Am Assoc Petrol Geol Bull，1982，66(9)：1355-1383.
[58] 周蒂，陈汉宗，吴世敏，等.南海的右行陆缘裂解成因[J].地质学报，2002，76(2)：180-190.
[59] 谢建华，夏斌，张宴华，等.南海形成演化探究[J].海洋科学进展，2005，23(2)：212-218.
[60] 谢建华，夏斌，张宴华，等.印度－欧亚板块碰撞对南海形成的影响研究：一种数值模拟方法[J].海洋通报，2005，5：47-53.
[61] Pang X，Yang S K，Zhu M，et al. Deep-water fan systems and petroleum resources on the Northern Slope of the South China Sea[J]. Acta Geologica Sinica，2004，78(3)：626-631.
[62] 庞雄，陈长民，彭大均，等.南海珠江深水扇系统的层序地层学研究[J].地学前缘，2007，14(1)：220-229.
[63] 朱伟林，张功成，杨少坤，等.南海北部大陆边缘盆地天然气地质[M].北京：石油工业出版社，2007.
[64] 刘铁树，何仕斌.南海北部陆缘盆地深水区油气勘探前景[J].中国海上油气(地质)，2001，15(3)：164-170.
[65] 陈国威.南海生物礁及礁油气藏形成的基本特征[J].海洋地质动态，2003，19(8)：32-37.
[66] 高红芳，王衍棠，郭丽华.南海西部中建南盆地油气地质条件和勘探前景分析[J].中国地质，2007，34(4)：592-598.
[67] 陶维祥，赵志刚，何仕斌，等.南海北部深水西区石油地质特征及勘探前景[J].地球学报，2005，26(4)：359-364.
[68] Chen J，Song H，Guan Y，et al. Morphologies，classification and genesis of pockmarks，mud volcanoes and associated fluid escape features in the northern Zhongjiannan Basin，South China Sea[J]. Deep Sea Research Part II：Topical Studies in Oceanography，2015，122：106-117.
[69] Sun Q，Wu S，Cartwright J，et al. Shallow gas and focused fluid flow systems in the Pearl River Mouth Basin，northern South China Sea[J]. Marine Geology，2012，315-318：1-14.
[70] Sun Z，Xu Z，Sun L，et al. The mechanism of post-rift fault activities in Baiyun sag，Pearl River Mouth basin[J]. Journal of Asian Earth Sciences，2014，89：76-87.
[71] 魏喜.西沙海域晚新生代礁相碳酸盐岩形成条件及油气勘探前景[D].北京：中国地质大学(北京)，2006.
[72] 赵忠泉，钟广见，冯常茂，等.南海北部西沙海槽盆地新生代层序地层及地震相[J].海洋地质与第四纪地质，2016，36(1)：15-26.
[73] 谢建华.南海新生代构造演化及其成因数值模拟[D].广州：中国科学院，2006.
[74] Haile N S. The Rajang accretionary prism and the Trans-Borneo Danau Suture[A] //Tectonic Evolution of SE Asia Conference[C]. London：Geological Society，1994.
[75] 姚伯初.南沙海槽的构造特征及其构造演化史[J].南海地质研究，1996，1：1-13.
[76] 张莉，张光学，王嘹亮，等.南海北部中生界分布及油气资源前景[M].北京：地质出版社，2014.
[77] 王海荣，王英民，邱燕，等.南海北部陆坡的地貌形态及其控制因素[J].海洋学报(中文版)，2008，30(2)：70-79.

[78] 刘忠臣，刘保华，黄振宗，等.中国近海及临近海域地形地貌[M].北京：海洋出版社，2005.

[79] Feng Z，Miao W，Zheng W，et al. Structure and hydrocarbon potential of the para-passive continental margin of the northern South China Sea[A] //Watkins J S，Feng Z，McMillen K J. Geology and geophysics of continental margins[C]. AAPG Memoir，1992，53：27-41.

[80] 杨川恒，杜栩，潘和顺，等.国外深水领域油气勘探新进展及我国南海北部陆坡深水区油气勘探潜力[J].地学前缘，2000，7(3)：247-256.

[81] Mutter J C. Margins declassified[J]. Nature，1993，364(29)：393-394.

[82] Geoffroy L. Volcanic passive margins[J]. Comptes Rendus Geosciences，2005，337(16)：1395-1408.

[83] 周祖翼，李春峰.大陆边缘构造与地球动力学[M].北京：科学出版社，2008.

[84] 姚伯初，王光宇.南海海盆的地壳结构[J].中国科学D辑：地球科学，1983，26(6)：648-661.

[85] Pin Y，Di Z，Zhaoshu L. A crustal structure profile across the northern continental margin of the South China Sea [J]. Tectonophysics，2001，338(1)：1-21.

[86] 鄢全树.南海新生代碱性玄武岩的特征及其地球动力学意义[D].青岛：中国科学院研究生院(海洋研究所)，2008.

[87] Whitmarsh R B，White R S，Horsefield S J. The ocean-continental boundary of the western continental margin of Ibria[J]. Journal of Geophysics Research，1996，101：28291-28314.

[88] 钟志洪，王良书，李绪宣，等.琼东南盆地古近纪沉积充填演化及其区域构造意义[J].海洋地质与第四纪地质，2004，1：29-36.

[89] Zhou D，Ru K，Chen H Z. Kinematics of Cenozoic extension on the South China Sea continental margin and its implication to the tectonic evolution of the region[J]. Tectonophysics，1995，251(1)：161-177.

[90] 李平鲁，梁慧娴.珠江口盆地新生代岩浆活动与盆地演化、油气聚集的关系[J].广东地质，1994，9(2)：23-24.

[91] 邹和平.陆缘扩张型地洼盆地系及其形成机制探讨[J].大地构造与成矿学，1995，19(4)：303-313.

[92] 阎贫，刘海龄，邓辉.南沙地区下第三系沉积特征及其与含油气性的关系[J].大地构造与成矿学，2005，29(3)：391-402.

[93] 姚伯初.大陆岩石圈在张裂和分离时的变形模式[J].海洋地质与第四纪地质，2002，22(3)：59-67.

[94] Sengor A M C，Burke K. Relative timing of rifting and volcanism on Earth and its tectonic implications[J]. Geophysical Research Letters，1978，5(6)：419-421.

[95] Turcotte D L，Emerman S H. Mechanisms of active and passive rifting[J]. Tectonophysics，1983，94(1-4)：39-35.

[96] Sun Z，Zhong Z，Keep M，et al. 3D analogue modeling of the South China Sea：a discussion on breakup pattern [J]. Journal of Asian Earth Sciences，2009，34(4)：544-556.

[97] Hutchison C S. The 'Rajang accretionary prism' and 'Lupar Line' problem of Borneo[A] //Hall R，Blundell D. Tectonic Evolution of Southeast Asia[C]. London：The Geological Society，1996：247-262.

[98] 吴时国，喻普之.海底构造学导论[M].北京：科学出版社，2006.

[99] Cande S C，Kent D V. Revised calibration of the geomagnetic polarity timescale for the Late Cretaceous and Cenozoic[J]. Journal of Geophysical Research，1995，100：6093-6095.

[100] 何廉声.南海的形成、演化与油气资源[J].海洋地质与第四纪地质，1988，2：15-28.

[101] 吕文正，柯长志，吴声迪，等.南海中央海盆条带磁异常特征及构造演化[J].海洋学报，1987，1：69-78.

[102] 姚伯初.南海南部地区的新生代构造演化[J].南海地质研究，1994，6：1-15.

[103] Falvey D A. The development of continental margins in plate tectonic theory[J]. The APEA Journal，1974，14(1)：95-106.

[104] 谢文彦.南海西北陆坡深水区地质结构、成藏条件及重点区解剖[D].北京：中国石油大学，2008.

[105] Hirsch K K，Bauer K，Scheck-Wenderoth M. Deep structure of the western South African passive margin：results of a combined approach of seismic，gravity and isostatic investigations[J]. Tectonophysics，2008，470(1-2)：57-70.

[106] 周蒂，颜佳新，丘元禧，等.南海西部围区中特提斯东延通道问题[J].地学前缘，2003，10(4)：469-477.

[107] 魏魁生，崔旱云，叶淑芬，等.琼东南盆地高精度层序地层学研究[J].地球科学-中国地质大学学报，2001，26(1)：59-66.

[108] Bradley D C. Passive margins through earth history[J]. Earth-Science Reviews，2008，91(1-4)：1-26.

[109] Morley C K. Marked along-strike variations in dip of normal faults-the Lokichar fault，N. Kenya rift：a possible cause for metamorphic core complexes[J]. Journal of Structural Geology，1999，21(2)：479-492.

[110] Morley C K. Interaction of deep and shallow processes in the evolution of the Kenya Rift[J]. Tectonophysics，1994，236(1)：81-91.

[111] Callot J P，Grigne C，Geoffroy L，et al. Development of volcanic margins：two-dimensional laboratory models[J]. Tectonics，2001，20(6)：148-159.

[112] Callot J P，Geoffroy L，Brun J P. Development of volcanic margins：three-dimensional laboratory models[J]. Tectonics，2002，21(6)：1052-1053.

[113] Davis M，Kusznir N J. Depth-dependent lithospheric stretching at rifted continental margins[A] //Proceedings of NSF Rifted Margins Theoretical Institute[C]. New York：Columbia University Press，2004，92-136.

[114] 姚伯初，邱燕，吴能友.南海西北部海域地质构造特征和新生代沉积[M].北京：地质出版社，1999.

[115] 钟志洪.莺琼盆地构造形成机制与油气聚集的研究[D].南京：南京大学，2000.

[116] 李绪宣，朱光辉.琼东南盆地断裂系统及其油气输导特征[J].中国海上油气，2005，17(1)：1-7.

[117] 杨恬，吴世敏，刘海龄，等.南海西北部重磁场及深部构造特征[J].大地构造与成矿学，2005，(3)：364-370.

[118] 谢文彦，张一伟，孙珍，等.琼东南盆地断裂构造与成因机制[J].海洋地质与第四纪地质，2007，27(1)：71-78.

[119] Cartwright J. Diagenetically induced shear failure of fine-grained sediments and the development of polygonal fault systems[J]. Marine and Petroleum Geology，2011，28(9)：1593-1610.

[120] Cartwright J A，Mansfield C S. Lateral displacement variation and lateral tip geometry of normal faults in the Canyonlands National Park，Utah[J]. Journal of Structural Geology，1998，20(1)：3-19.

[121] Cartwright J A，Dewhurst D N，Anonymous. Layer-bound compaction faults in fine-grained sediments[J]. GSA Bulletin，1998，110(10)：1242-1257.

[122] Stuevold L M，Faerseth R B，Arnesen L，et al. Polygonal faults in the Ormen Lange field，more basin，offshore mid Norway[J]. Subsurface Sediment Mobilization，2003，216(2)：263-281.

[123] Han J，Leng J，Wang Y. Characteristics and genesis of the polygonal fault system in southern slope of the Qiongdongnan Basin，South China Sea[J]. Marine and Petroleum Geology，2016，70：163-174.

[124] Cartwright J A. Episodic basin-wide fluid expulsion from geopressured shale sequences in the North Sea basin—How laterally extensive are sequence boundaries[J]. Geology，1994，22(5)：447-450.

[125] Lonergan L，Cartwright J，Jolly R. The geometry of polygonal fault systems in Tertiary mudrocks of the North Sea[J]. Journal of Structural Geology，1998，20(5)：529-548.

[126] Jeffrey C，Scherer G W. Sol-gel science：the physics and chemistry of sol-gel processing[M]. Boston：Academic Press，1990.

[127] Cartwright J A. Polygonal fault systems：a new type of fault structure revealed by 3-D seismic data from the North Sea basin[C]. AAPG Studies in Geology，1996，42：225-230.

[128] Higgs W G，McClay K R. Analogue sandbox modelling of Miocene extensional faulting in the Outer Moray Firth[J]. Geological Society London Special Publications，1993，71(1)：141.

[129] Clausen J A，Gabrielsen R H，Reksnes P A，et al. Development of intraformational(Oligocene-Miocene)faults in the Northern North Sea：influence of remote stresses and doming of Fennoscandia[J]. Journal of Structural Geology，1999，21(10)：1457-1475.

[130] Goulty N R. Mechanics of layer-bound polygonal faulting in fine-grained sediments[J]. Journal of the Geological Society，2002，159(3)：239-246.

[131] Henriet J P，De Batist M，Van Vaerenbergh W，et al. Seismic facies and clay tectonic features of the Ypresian Clay in the southern North Sea[J]. Bull Sot Belg Geol，1988，97(4)：457-472.

[132] Watterson J，Walsh J，Nicol A，et al. Geometry and origin of a polygonal fault system[J]. Journal of the Geological Society，2000，157(1)：151-162.

[133] 解习农，王振峰，李思田，等. 莺歌海－琼东南盆地超压体系特征及油气成藏意义[J]. 地质学报，2003，(2)：287-288.

[134] 杨计海. 莺－琼盆地温压场与天然气运聚关系[J]. 天然气工业，1999，19(1)：63-67.

[135] 郝芳，李思田，孙永传，等. 莺歌海－琼东南盆地的有机成熟作用及油气生成模式[J]. 中国科学 D 辑：地球科学，1996，26(6)：555-560.

[136] 易平，黄保家，黄义文，等. 莺－琼盆地高温超压对有机质热演化的影响[J]. 石油勘探与开发，2004，31(1)：32-35.

[137] 林畅松，刘景彦，蔡世祥，等. 莺－琼盆地大型下切谷和海底重力流体系的沉积构成和发育背景[J]. 科学通报，2001，46(1)：69-72.

[138] Xie X，Müller R D，Ren J. Stratigraphic architecture and evolution of the continental slope system in offshore Hainan，northern South China Sea[J]. Marine Geology，2008，247(3-4)：129-144

[139] 姜涛. 莺歌海－琼东南盆地区中中新世以来低位扇体形成条件和成藏模式[D]. 武汉：中国地质大学，2005.

[140] Hao F，Jiang J，Zou H，et al. Differential retardation of organic matter maturation by overpressure[J]. Science in China Series D，Earth Sciences，2004，47(9)：783-793.

[141] Roberts S J，Nunn J A. Episodic fluid expulsion from geopressured sediments[J]. Marine and Petroleum Geology，1995，12(2)：195-204.

[142] Holm G M. Distribution and origin of overpressure in the Central Graben of the North Sea[C]. AAPG Memoir，1998，70：123-144.

[143] 郝芳. 超压盆地生烃作用动力学与油气成藏机理[M]. 北京：科学出版社，2005.

[144] Conybeare D M，Shaw H F. Fracturing，overpressure release and carbonate cementation in the Everest Complex，North Sea[J]. Clay Minerals，2000，35(1)：135-149.

[145] Cosgrove J W. Hydraulic Fracturingduring the formation and deformation of a basin：a factor in the dewatering of Low-Permeability sediments[J]. AAPG Bulletin，2001，85(4)：737-748.

[146] Cartwright J A，Jackson M P A，James D M，et al. Initiation of gravitational collapse of an evaporite basin margin：the Messinian saline giant，Levant Basin，eastern Mediterranean The geometry and emplacement of conical sandstone intrusions[J]. GSA Bulletin，2008，120(3-4)：399-413.

[147] 姚超，焦贵浩，王同和，等. 中国含油气盆地构造样式[M]. 北京：石油工业出版社，2004.

[148] Morley C K，Nelson R A，Patton T L，et al. Transfer zones in the East African rift system and their relevance to hydrocarbon exploration in rifts[J]. AAPG Bulletin，1990，74(8)：1234-1253.

[149] 茹克. 裂陷盆地的半地堑分析[J]. 中国海上油气(地质)，1990，4(6)：1-10.

[150] 李绪宣. 琼东南盆地构造动力学演化及油气成藏研究[D]. 广州：中国科学院研究生院(广州地球化学研究所)，2005.

[151] 林畅松，张燕梅. 盆地的形成和充填过程模拟——以拉伸盆地为例[J]. 地学前缘，1999，(S1)：139-146.

[152] 王敏芳，焦养泉，任建业，等. 沉积盆地中古地貌恢复的方法与思路——以准噶尔盆地西山窑组沉积期为例[J]. 新疆地质，2006，24(3)：326-330.

[153] 陈长民，施和生，许世策，等. 珠江口盆地(东部)第三系油气藏形成条件[M]. 北京：科学出版社，2003.

[154] 房殿勇. 南海深水相渐新统及其生烃潜力[D]. 上海：同济大学，2007.

[155] Müller R D，Sdrolias M，Gaina C，et al. Age，spreading rates，and spreading asymmetry of the world's ocean crust[J]. Geochem Geophys Geosyst，2008，9(4)：1-42.

[156] Theodore O. Rhythmiclinear bodies caused by tidal current[J]. AAPG Bulletin，1963，47(2)：324-341.

[157] 冯有良，李思田，邹才能. 陆相断陷盆地层序地层学研究[M]. 北京：科学出版社，2006.

[158] 冯有良，李思田，解习农. 陆相断陷盆地层序形成动力学及层序地层模式[J]. 地学前缘，2000，7(3)：119-132.

[159] Fyhn M B W，Nielsen L H，Boldreel L O，et al. Geological evolution，regional perspectives and hydrocarbon potential of the northwest Phu Khanh Basin，offshore Central Vietnam[J]. Marine and Petroleum Geology，2009，26(1)：1-24.

[160] Eberli G P，Anselmetti F S，Betzler C，et al. Carbonate platform to basin transition on seismic data and in outcrop：Great Bahama Bank and the Maiella platform margin，Italy[A] //Eberl GP，Masaferro J L，Sarg J F. Seismic Imaging of Carbonate Reservoirs and Systems[C]. AAPG Memoir，2004，81：207-250.

[161] Sarg J F，Markello J R，Weber L J. The second-order cycle，carbonate-platform growth，and reservoir，source，and trap prediction[J]. Spec Publ，1999，63：11-34.

[162] 马永生，梅冥相，陈小兵. 碳酸盐岩储层沉积学[M]. 北京：地质出版社，1999.

[163] Huyen N M，Hau D V，Nam N H，et al. Recent evaluation on the exploration potential of the song hong basin，offshore northern vietnam[A] //Science-Technology Conference "30 Years Petroleum Industry：New Challenges and Opportunities" [C]. Hanoi，Vietnam，2005.

[164] Fraser A J，Matthews S J，murphy R W. Petroluem Geology of Southeast Asia[M]. London：The Geological Society，1997.

[165] Clift P D，Blusztajn J，Nguyen A D. Large-scale drainage capture and surface uplift in eastern Tibet-SW China before 24 Ma inferred from sediments of the Hanoi Basin，Vietnam[J]. Geophysical Research Letters，2006，33(19)：L19403.

[166] 施雅风，李吉均，李炳元，等. 晚新生代青藏高原的隆升与东亚环境变化[J]. 地理学报，1999，54(1)：10-20.

[167] Wang C，Dai J，Zhao X，et al. Outward-growth of the Tibetan Plateau during the Cenozoic：a review[J]. Tectonophysics，2014，621：1-43.

[168] 钟大赉，丁林. 青藏高原的隆起过程及其机制探讨[J]. 中国科学 D辑：地球科学，1996，26(4)：289-295.

[169] 李廷栋. 青藏高原隆升的过程和机制[J]. 地球学报-中国地质科学院院报，1995，(1)：1-9.

[170] 孙珍，钟志洪，周蒂，等. 红河断裂带的新生代变形机制及莺歌海盆地的实验证据[J]. 热带海洋学报，2003，22(2)：1-9.

[171] Wilbus C K，Hastings B S，Posamentier H W，et al. Sea-level Changes，An Integrated Approach[M]. Tulsa，Oklahoma. US.：Society of economic paleontologists and mineralogists，1988.

[172] Guardado L R，Gamboa L A P，Lucchesi C F. Petroleum geology of the Campos basin，Brazil：a model for a producing Atlantic-type basin[C]. AAPG Memoir，1990，48：201-213.

[173] Teisserence P，Villemin J. Geology and petroleum system of Gabon sedimentary basin[A] //Edwards J D，Santogrossi P A. Divergent/Passive Margin Basin[C]. AAPG Memoir，1990，48：245-267.

[174] 时华星，宋明水，徐春华，等. 煤型气地质综合研究思路与方法[M]. 北京：地质出版社，2004.

[175] 戴金星. 中国煤成气研究二十年的重大进展[J]. 石油勘探与开发，1999，26(3)：21-30.

[176] 戴金星，傅诚德，夏新宇. 煤成烃国际学术研讨会论文集[M]. 北京：石油工业出版社，2000.

[177] 戴金星，钟宁宁，刘德汉，等. 中国煤成大中型气田地质基础和主控因素[M]. 北京：石油工业出版社，2000.

[178] 王东东，李增学，吕大炜，等. 陆相断陷盆地煤与油页岩共生组合及其层序地层特征[J]. 地球科学，2016，41(3)：508-522.

[179] 陈钟惠. 煤和含煤岩系的沉积环境[M]. 北京：中国地质大学出版社，1988.

[180] 刘焕杰，桑树勋，施健. 成煤环境的比较沉积学研究[M]. 北京：中国矿业大学出版社，1997.

[181] 吕明. 莺－琼盆地含气区储层特征[J]. 天然气工业，1999，19(1)：44-48.

[182] 朱伟林，王振峰，张迎朝. 南海北部陆架盆地非构造油气藏[J]. 石油与天然气地质，2004，25(4)：408-415.

[183] Pettingill H S. World turbidites-1：turbidite plays' immaturity means big potential remains[J]. Oil & Gas Journal，1998，96(40)：106-112.

索　引

H

J

K

L

M

N

P

Q

R

S

T

X

Y

Z